花盆中的蔬果乐趣

董淑芬 著

河南科学技术出版社
·郑州·

CONTENTS

Part 1 事前准备篇
你的阳台或窗台可以种什么

Part 2 有机栽培篇
开始用花盆来种蔬果吧

Part 3 盆栽蔬果篇
36种最适合盆栽的蔬果

·A·入门级
马上就能成功采收的蔬果

·B·懒人级
只要浇水就能有收成的芽菜

·C·进阶级
试着栽培有点难度的蔬果

作者序

采收了几条长得太大的小黄瓜，青椒已经果实累累，做完例行性的园艺工作之后，心满意足地欣赏着我的小小菜园，对面山林的蝉声隐约响起，夏天又来了。距离上一本《我的野菜花园》，刚好满一年，这期间我依然沉浸在喜欢的蔬菜世界里，过着城市自耕农的生活。

每每看着这些绿色“小朋友”茁壮成长，心里总是会充满喜悦，真希望能赶快和大家分享这种简单、又随手可得的幸福。不过蔬菜的种类实在是太多了，每一种都是那么的可爱！因此，很难取舍的，这回选择了三十六种，适合夏天到秋天的蔬菜 。

每天都出现在餐桌上的蔬菜，看起来和我们距离很近，其实很远。这当然不是指产地和餐桌间的距离。虽然，事实上的确也是！

对于每天都要吃下肚的食物，我们对它所知甚少，蔬菜到底是如何成长的呢？除了从市场买回来洗洗切切之外，有没有可能，用一个小花盆，就可以在阳台栽培无农药的有机蔬菜呢？我觉得应该把我的经验分享给大家，即使因为环境的缘故无法亲自栽培，至少可以通过此书，和我一起体验蔬菜的成长过程。

蔬菜毕竟不是花草，没有鲜艳夺目的外表，也没有西洋香草给人的浪漫遐想。在拍摄记录的时候，常想着，如何才能呈现蔬菜最美好的一面？为此，经常一张照片要照上好几张，变换各个不同的角度，然后才能选出一张自认为满意的。

在制作成书的过程中，出版社总是要问上一句：“你觉得什么样的读者会买这一本书？”老实说，我从没想过这个问题，每每被问住了。或许，这就是出版者和创作者的不同吧。如果我会思考这样的问题，那我或许就不会做这样的一本书，直接教读者花个几十元去哪里吃一顿简餐，岂不更快！

种菜，我相信很多人都会，到处也可以见到一亩亩的菜园。只是我希望能从更人文、更生活的角度来呈现栽培这件事，打破蔬菜无法呈现如花园般的美感之迷思，即使是一个小花盆，一样可以生机无限。

种菜可以是一种时尚，也可以是一种流行。

至少我是这么想的！

Part 1
事前准备篇
你的阳台或窗台可以种什么

即使家里空间有限，只要拥有适当的空气、阳光、水，利用大小合适的盆器，依蔬果属性安排高低层次、吊挂攀爬，要种出生机盎然的蔬果园其实不如想象中困难。

SKF

MACHINISTS
OPERATORS

先来检查栽培环境

想成功栽培蔬菜的第一步，就是要先了解家中可行的栽种场所，观察光线是否充足？每天有多少日照时间？有无其他遮阳物？……各种自然条件以及建物空间的优势及局限，都必须充分了解，才能选择最适合栽种的蔬菜种类。

屋顶

一般来说，屋顶日照充足，但会有风力大和空气干燥的问题，需要注意补充蔬菜水分以及做好防风措施。在夏天可能会日照过强、温度太高，此时就必须将花盆架离地面，隔绝热气。虽然屋顶多半日照充足，不过在选择栽种蔬菜的位置之前，还是要先观察日照角度，以及邻近建筑物或房屋墙壁所产生的阴影位置。即使是一小块栽培场所，也可按东西南北四个方向来考量。

●向东的位置

在夏天，由于太阳从正东方升起，所以日照最充足。如果没有任何遮蔽物，多半天都有太阳照射，是很理想的栽培方位。不过在秋冬的时候，容易遭受东北季风的吹袭而使作物受损，若栽培怕风的蔬菜，例如葱或是刚发芽的幼苗等，就必须采取避风措施。

●向西的位置

在夏天，西晒的时候温度偏高，主要日晒时间是下午一点以后，因此，若在向西的墙壁边栽种蔬菜，要注意让盆栽不要太靠近墙壁，最好保持10～20厘米的距离，避免墙面所散发的热气直接影响作物。但到了秋冬，西向的位置日照就可能较为不足。

●向南的位置

夏天时因为不会接受太阳直射，可说是较为凉爽的方位。即使在酷热的七八月，盆栽蔬菜依然可以继续生长。如果种植需要充足日照的瓜果类蔬菜，在立支架时，就要考虑如何才能使其得到充足的阳光。等到秋冬以后，日照角度改变了，向南的栽培位置，不仅可以得到充足日照，因而较为温暖，而且没有东北季风的吹袭，是很理想的栽培位置。

● 向北的位置

北向如果再加上建筑物本身的阴影遮蔽，可说是日照最差的位置，即使在夏天，也难以获得足够日照。到了秋冬的时候，又容易遭受东北季风的吹袭。如果发现所栽培的蔬果生育状况不理想，在选择蔬菜的时候，就要以生命力旺盛、适应能力强的种类为主，例如地瓜叶、皇宫菜、红凤菜等，或者对日照需求极少的芽菜类，也是不错的选择。

总而言之，不管栽培场所的坐向条件如何，一定能找到适合住家空间栽种的蔬菜，所以无论如何，一定要尝试一下种菜的无比乐趣！

阳台

阳台一般都会加盖采光罩，有些还兼具晾晒衣物的功能，所以多数只有单面采光，因此在栽培蔬菜的时候，要尽量让花盆靠近外面，如此才可获得更多阳光。即使是栽培高手，在阳光不足的环境，也很难成功栽培出需要日照的蔬果，因此选择适合的蔬菜种类，对于阳台栽培的成功与否非常重要。

首先，要了解阳台是向东还是向西？一天当中日照的时间大约是几点到几点？是否有强风吹袭？如果有，那风是由哪个方向吹过来的？如有必要，就要加装挡风的透明板或厚的透明塑料布。大多数的叶菜都可以在阳台生长，只是长得大或小而已！虽然同样是阳台，但因朝向不同，在日照上还是有差异的，可参考前面所提到的四个方向的环境特点，来选择喜爱的蔬果。

露台

所谓露台，其实也算是一种阳台，差别只在于露台是突出于建筑物之外的，并且没有屋顶。它在栽培环境上是比较接近屋顶的，但在靠近地面的部分，日照还是比较差，所以可以多利用架子，将盆栽垫高以获得更多日照。

小空间阳台 适合栽种的蔬菜

想开始在家种菜，如果住的是公寓大厦，多从阳台或窗台着手，但多半空间并不宽敞，无法容纳太大的盆器，因而不适合栽培如丝瓜、冬瓜、南瓜等体积过大的蔬果。虽然现在已经有改良的小型品种，但还是很难在阳台栽培，因为瓜果类的蔬菜，需要足够大的攀爬空间，以及充足的日照，一旦成长之后，还会影响其他植物的生长。因此，可以栽培如小黄瓜或豆类等植株体积较小的种类，至于叶菜类，自然适合放在阳台或窗台上栽培。

有计划地栽培，蔬菜便能有持续的收成，所以必须充分了解蔬菜的生长季节，明确该作物是能连续采收，还是采收一次之后，就必须重新播种。通常我会做一个栽种计划表，记录每一个盆栽所栽种的蔬菜名称、生长状况等，以及采收完毕后接下来想栽种的蔬菜名称，作为来年栽种的参考。

不要连续栽种同一科的蔬菜

同一科的植物，会消耗土壤中相同的微量元素，使得第二次的栽种长得差，且容易感染病虫害。不过只要让土壤适度休息，或改种其他科别的蔬菜，这个问题便不会发生。如果花盆不是很大的话，每次蔬菜采收完毕之后，最好能将土壤全部倒出来，将土里残留的根茎清除干净后，用手将土壤拨散，再加入一半的堆肥或一定比例的基肥，拌匀之后再填回花盆，可能的话先放置几天再开始栽种。

★蔬菜轮种表

蔬菜	科别	栽种法	轮种1	轮种2
皇宫菜	落葵科	插枝/播种	小白菜	胡萝卜
紫苏	唇形花科	播种	高丽菜	生菜
苋菜	苋科	播种	芹菜	莴苣
红凤菜	菊科	插枝	罗勒	青江菜
地瓜叶	旋花科	插枝	白萝卜	韭菜
水田芥	十字花科	插枝/播种		
香蓼	蓼科	插枝	莴苣	苋菜
角菜	菊科	插枝	莴苣	地瓜叶
野麻婴	田麻科	播种	大头菜	辣椒
土人参	马齿苋科	插枝/播种	茼蒿	莴苣
长茄	茄科	苗/播种	樱桃萝卜	鹿角莴苣
草莓	蔷薇科	苗/播种	番茄	荷兰芹
青椒	茄科	苗/播种	香菜	高丽菜
小黄瓜	瓜科	苗/播种	马铃薯	芥菜
大黄瓜	瓜科	苗/播种	叶用萝卜	小红葱
矮性四季豆	豆科	播种	福山莴苣	山药
矮性菜豆	豆科	播种	西洋芹	莴苣
蘘荷	蘘荷科	分株	韭菜	生姜

蔬菜	科别	栽种法	轮种1	轮种2
芋头	天南星科	种芋/分株	莕菜	细香葱
豌豆苗	豆科	播种		
向日葵芽	菊科	播种		
绿豆芽	豆科	播种		
空心菜芽	旋花科	播种		
空心菜	旋花科	播种	茴香	菊莴苣
竹北绵茄	茄科	苗/播种	鹿角莴苣	小黄瓜
彩色甜椒	茄科	苗/播种	高丽菜	矮性菜豆
红樱桃番茄	茄科	苗/播种	生菜	小白菜
黄金小番茄	茄科	苗/播种	葱	矮性四季豆
苦瓜	葫芦科	苗/播种	胡萝卜	空心菜
山苦瓜	葫芦科	苗/播种	青江菜	
芋头冬瓜	瓜科	苗/播种	芥菜	
南瓜	瓜科	苗/播种	荷兰芹	
蔓性菜豆	豆科	播种	菊莴苣	
黄秋葵	锦葵科	苗/播种	细香葱	
匏瓜	葫芦科	苗/播种	青花菜	
马铃薯	茄科	直取种薯	茼蒿	

选择适当的花盆来种菜

夏季蔬果，一般都生长得比较大，加上天气炎热、水分蒸发快，所以需要选用较大尺寸的花盆。尤其是瓜果类，必须使用直径40厘米以上的大盆，高度则在35～40厘米，每盆以一株为限。长条形的花盆（60厘米×22厘米×17厘米），则能栽培两株。而叶菜类的数量则不在此限，因为可以一边栽培、一边采收，不会有过于拥挤的情形。不过要注意，花盆中如果栽培过多植株，那么对水分的需求也多，若水分供给不足，种出的蔬菜吃起来口感会老老的，纤维也较粗，不好入口。

关于盆器材质

用来栽培蔬菜的盆器，并没有材质上的限定，只要能盛装土壤，并且不会积水，原则上就可以使用。即使是桶子、罐子、锅子等废弃物再利用，同样可以种出美味可口的蔬菜。

1.塑胶花盆

塑胶制的花盆质地轻，材质坚固、不易损坏，花样变化很多。有仿照石材、金属或是素烧盆等样式制作的塑胶花盆，让人很难一眼看穿，选择性很丰富。但缺点是透气性较差，不过在栽培夏季蔬果时，倒是很好用的材料，因为水分蒸发的速度比较慢，所以较能保水，收藏时也不占空间。

2.木头花盆

木头类的花盆，属于天然材质，无论透气性还是保水性都很好，基本上是很适合用来栽培蔬果的容器。不过，要注意是否经过防腐处理，在栽培蔬果时，是否会有防腐剂或其他化学药剂渗出而影响蔬果健康。如果是未经处理的木头，大约只能使用1～2年，就会腐烂损毁。

3.保丽龙（泡沫塑料）箱

保丽龙箱取得容易，而且不必花钱，使用期限长达5年。质地轻、容量大，长方形的体积相当节省空间，不过也有人怀疑，保丽龙盒直接暴露在夏季的高温之下，会释放有害物质，因而淘汰不用。

4.素烧盆（泥瓦盆）

一向是我的最爱，因其外形美观、质感优良，我还把它们当成艺术品欣赏，即使蔬菜种得不好，光看盆子也觉得赏心悦目。素烧盆是以陶土高温烧制而成，和木头、石材一样，都属于天然的材质，透气性佳。不过在夏天时，也因为太透气，水分蒸发得特别快！要说真的有什么缺点的话，就是太重了，用在阳台或屋顶的大型盆，要特别注意重量的问题，另外倾倒时也比较容易破损。

5.椰纤盆

多半用于镂空的铁制盆器，也算是一种天然材质，透气性和保水性是最好的。这种材质的栽培容器，通常较适合小型的叶菜类，瓜果和豆类则较不适合。缺点是使用期限大约只有一年，一年之后底部就会开始腐化，成为腐殖土。

SKF
SKF Logistics Services

充分利用空间的花盆栽培法

在有限的空间里，想要栽培各式各样的蔬菜当然不可能，但只要妥善利用空间，的确可以增加栽培面积的，不过让盆栽之间保持适当距离还是很重要的。在设想空间规划之余，并不鼓励无限制地扩充，因为空气不流通的场所，容易招惹病虫害，反而无益于蔬菜的生长。

壁挂式花架

适用于没有屋顶的露台或低矮的围墙上，只要将金属架子挂上，再放入适当大小的花盆就行了。

吊盆

适用于有栅栏的阳台，可以挂在栏杆或墙壁上来使用。

高低层次的花架

使用多层的花架，可以很方便地将蔬菜盆栽垫高，高低摆放除了更节省空间外，也可以让每种蔬菜获得更充足的日照。

阴暗的底层栽培芽菜类

通常花架底下的日照不足，用来栽培豌豆苗或向日葵芽等芽菜正好。

学会制作简易支架

阳台如果有栏杆，可栽培藤蔓类的蔬果，如小黄瓜或豆类，让其自由攀爬。如果没有栏杆，则可使用竹子或绳子，编出简单的攀爬架。

●竹竿支架

在定植瓜苗的時候就要做好以供使用。

1 取三支竹子插入花盆的边缘（要插到底才比较稳固）。

2 顶端再以园艺用的铁丝固定即可。

3 栽培两盆以上的瓜果时，可以再架上一支横的竹子，增加攀爬空间，支架也会更稳固。

4 将瓜果植物（如小黄瓜）的藤蔓诱引至竹子上固定好之后，即能自行攀附生长。

绳编支架

用麻绳制作的攀爬空间。

1 在长条形的花盆两端插上竹子。

2 先将麻绳绕过两侧竹子绑出横线。

3 再垂直将绳子绕过每一条横线，做成格状网即可，上下两端记得打结固定。

4 适合小型的瓜果类，例如山苦瓜或小黄瓜。

Part 2
有机栽培篇
开始用花盆来种蔬果吧

利用大大小小的花盆，便能耕耘出一小块自家田园，选定苗株种子、认识土壤、细心浇水……数不尽的栽培乐趣，更能体验鲜采蔬果的自然美味。

如何购买种子与苗株

一般在花市都有出售种子和苗株的店家。里头除了袋装的种子之外，还有各式农药、蔬菜适用的肥料与散装的蔬果种子，可以视需要零买。不过菜苗则较为少见。若希望以更便利的方式取得种子，或者想要寻找一些少见的蔬菜，不妨上网搜寻购买，像是“农友种苗”、“翠筠”、“花FUN草”等网站皆有。

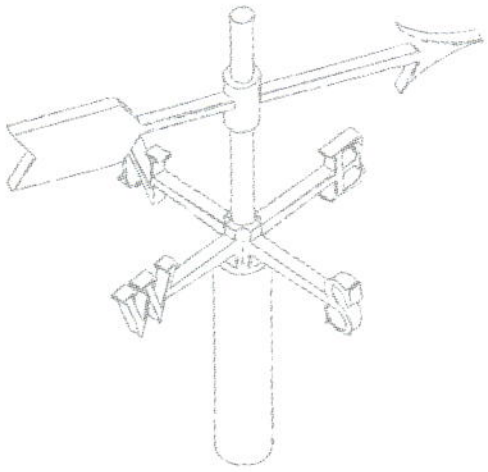

传统市场内贩卖种子的店家，种类齐全，可依需要的数量少量采买。

蔬菜的幼苗以棵计价，可以零买。

袋装的蔬菜种子，须整包购买。

农友种苗 http://www.knownyou.com/
翠筠 http://www.green-orchids.com.tw/
花FUN草 http://bid.apnec.com/zen-cart/

先了解土壤

刚开始栽培盆栽蔬菜的人，也许和当时仍是个园艺新手的我一样，在面对种类繁多的土壤和栽培介质时，不知该选哪一种才好。花市里所出售的土壤，主要成分多半以泥炭苔、椰纤等为主，再加入透气性高的介质，如蛭石、珍珠石或木屑，依用途增减比例，有些会添加肥料，有些则没有，在选购时要注意阅读成分和说明。近年来，也推出许多栽培蔬菜专用的有机培养土，清洁无菌，且没有虫卵，使用起来更为方便。

像这类的栽培土，有些在使用一二年之后，会再继续分解成壤土，因而体积会减少，但蛭石、珍珠石等介质，则仍会存在，此时只要再加入一半的泥炭苔或腐叶土，以及堆肥即可，如此经年累月下来，土壤也会逐渐变多且更适合栽种。

直接到田里或路边挖的土可不可以使用呢？

如果是自己家里的田，当然是没有问题的；可是这些所谓的路边和田地，其实都是有主人的，在挖取土壤前，最好先知会一声。而这一类的土壤，除了有杂草的种子之外，可能还有其他的生物，重量也很重，土壤的团粒大，挖回家之后，还是要混合一半的培养土，并将土壤捏碎成1厘米以下的小团粒，才能适合盆栽蔬菜，这样也可以减轻盆栽的重量，保水性会更好。

栽培土的主要成分

●泥炭苔

是一种生长于湿地的苔类，具有透气保水、质地轻等优点。在产地经过压缩之后，再以大包装的方式出售，是一种进口的栽培材料。一般我们所买到的小包装，是已经调整过酸碱值的调配土，可以直接使用，不需再测试酸碱度。

● **腐叶土**

为落叶腐化而成，含有丰富的有机质和微生物，具有良好的透气性和保水、保肥等作用。不过在花市里很少见，一般都是从事园艺的农场自行制作的，所以很少对外零售。

● **牛粪堆肥**

通常堆肥里会含有一定比例的泥土，以及稻谷或木屑等，所以也可作为栽培土使用，不过最好能混合一半以上的培养土，以免肥分过多。

● **蛭石**

经过高温烧炙的蛭石，成为金褐色的薄层颗粒物，具有透气保水、调节湿度的作用，适合作为土壤的介质，比稻糠或木屑更为经久耐用。

● **珍珠石**

白色颗粒状的小石头，质轻多孔隙，在土壤中的作用和蛭石差不多。但保水性还是以蛭石为佳，耐久性则是珍珠石更好，不会腐化也是其优点，所以只要在两者中选择一种即可。

每一季让用过的土壤休息一下

每当到了夏季蔬菜产量开始减少的秋天，我会挪出个空当，做些整理土壤的工作。将老化且产量稀少的夏季蔬菜自花盆里拔除，再将土壤全部倒出来，土壤里发现有金龟子的白胖幼虫时，要全部抓起来，不然会危害秋冬的蔬菜。想栽种胡萝卜时，则是连石子也要捡除干净，萝卜才能长得漂亮，而不会因为碰到石子而长成扭曲或分叉的形状。

通常，我会利用早晨的五点至七点做这件工作，每天做一部分，不必急着一定要在几天之内完成，但最好在九月以前结束，以利秋冬蔬菜的栽种。让土壤在太阳下翻晒几天，再加入优质的堆肥，然后放置十天以上再开始栽种，但我多半会放置一个月，让自己和土壤都好好休息一下。

一年之中，我只在夏秋之际做这件工作，而不是每季都翻晒泥土。秋天天气干燥，阳光充足，只要花一星期的时间，就可以确保一整年都能栽培出美丽又可口的蔬果。

先从容易播种的豆类开始育苗

收获期较长的蔬果，通常需要经过育苗、移植和定植的阶段。为什么不直接播种在预定栽种的地方？这样不是比较省事吗？事实上这么做当然也可以。

育苗的目的，是要提高土地收获的产值。当土地上的作物还在采收时就培育下一波的菜苗，等地面作物采收完毕，菜苗刚好可以移植到地面。在寒冷的冬季，则可以提前在温室里培育春天的蔬菜。如此一来，一年至少可多一次的收成。

另外一个原因，是直接播种的菜苗，在刚发芽及幼小的阶段，很容易遭到其他昆虫的啃食，或因天气的影响而导致发芽不均。故先行育苗45天左右再定植，此时茎强壮了，叶片也多了，自然对虫害也有一定的抵抗力 。

浇水学问多

夏秋两季时 每天早晚要浇一次水

栽培在花盆里的蔬菜，除了下雨天以外，天天都要浇水。夏季时因为高温，水分很容易蒸发，所以要在早晨及傍晚各浇一次。

浇水的方法，是以浇到水从盆子底下流出为宜，用水管直接浇水时，要注意控制水量的大小，不可过猛，太快太大的水量，往往土壤还来不及吸收，水已经从盆子边缘的细缝流掉了。所以要如同使用花洒般，轻柔缓慢地浇水，土壤才能很好吸收。

自制简易给水器

炎热的夏天，烈日高照，蔬菜水分容易蒸发，这时可利用大容量的塑料瓶来自制简易的给水器。如果觉得塑料空瓶单调不好看，那就随意用油漆颜料上色吧！

1 将塑料瓶洗净后，在瓶口下方约2厘米处用钉子刺一个洞。

2 靠近底部1厘米的地方，也刺出一个0.1厘米的小洞，让空气进入，完成喽！每次将水装满，盖紧瓶盖，放在花盆上或挂起来，水就会从下面的孔慢慢流出来。

适用的肥料

最近我常在思索关于肥料的问题——栽培蔬菜是不是一定要施肥?

长久以来我的花园都使用有机肥，几乎市面上所有标榜有机的肥料都试过了。价格的差异对植物的影响并不明显，甚至自制的厨余堆肥都比市售肥料来得好。

其实现在也有一派，主张从栽种到采收都不施肥，让植物靠着土壤的养分成长。不过盆栽蔬菜受限于花盆空间，盆里有限的土壤是否能提供足够的养分呢?如果已经有了肥沃的堆肥，基本上栽种短期生长的叶菜类时，是可以不必再追肥的。但是如果有天然的材料，例如洗米水、洗牛奶瓶的水或蛋壳水等，基于资源回收再利用的原则，为什么不使用呢?像这样的液体肥料，即使天天用也没关系。

但是栽培收获期较长的瓜果类，如果肥料不足，会影响收成。通常在栽培蔬果前，我会在土壤里加入堆肥，也就是俗称的“基肥”。基肥也可以说是“基础的肥料”，在定植前就预先埋入土壤中，让栽培下去的菜苗，根部一边伸展一边吸取肥料而成长，此后两个月期间，都不需要再添加任何的肥料。

等基肥开始淡化时，所使用的肥料称为“追肥”。肥料不足时，植物生长会停顿，果实也会越来越小或变形，所以要尽快补充肥料。此时可用液体或是固体的肥料，两者间的差别在于，液体能够迅速地被植物所吸收，而且因为是加水稀释后才使用的肥料，所以不会产生施肥过量的问题，但缺点是，每7～10天就要使用一次。使用固体追肥时，肥料要放置在花盆的边缘，因为植物的根部都是绕着盆缘伸展，比较容易吸收到肥料。不过使用化学肥料时，要避免因过量而导致植物死亡，不过既然要自己栽培蔬菜，最好还是使用有机肥。

最简单的堆肥方法

在阳台或屋顶堆肥时，一般有两种容器可以选择，分别是市售的小堆肥桶和一般花盆。我觉得还是直接用花盆较省事。

使用直径40厘米、高45～50厘米的塑胶花盆，太小的花盆容量也小，会一下子就满了。底部排水孔，至少要有6个，如此空气的流动好，微生物也会更活跃，有助于堆肥的分解。

制作方式

1.堆肥的制作，主要是一层厨余一层土，每层大约深度5厘米。
2.一开始，先在花盆里面放入5厘米的土，再开始堆叠菜叶、蛋壳等残渣，最后在上面加盖子。
3.柑橘类的果皮分解很慢，最好避免使用，或者切成1厘米以下的细碎状；蛋壳和贝类要先敲碎，尽量少用动物性材料，如骨头、鱼刺或含有油盐的剩菜，以免制作过程中有异味散出。
4.每两个星期打开盖子，用铲子翻一翻，让新鲜空气进入，让微生物更活跃。观察一下厨余的分解情形，如果土壤很干，就洒一点水；如果感觉水水的，表示太湿，那就加一些干燥的土。
5.完成的堆肥会有淡淡的气味，但不是臭味。如果有臭味，表示在分解过程中新鲜的空气不够，此时要再翻一翻，并再多放一阵子。
6.如果材料很细，夏天大约两个月后，堆肥便会分解完成，冬天则要三个月以上。蛋壳或贝类的壳会存在很久，不过没有关系。完成的堆肥，便可以直接用来种菜啦。

利用蚯蚓和微生物的力量

如果有蚯蚓的话多放一些，如此堆肥的分解会更快。等花盆快装满了，就在最上面再放5厘米的土，然后加盖，避免滋生蚊蝇。

自制追肥时所使用的液体肥料

洗米水、洗牛奶瓶的水、蛋壳水等，都是很好的液体肥料，不仅让水资源充分利用，而且不必经过任何复杂手续，直接使用就可以。

◆洗米水

每次洗米的水，都要收集起来，如果能在厨房放一个塑胶水桶会很方便。

◆洗牛奶瓶或杯子的水

每天清洗喝牛奶的杯子所用的水，或是回收鲜奶瓶之前，先用水冲一冲所得到的水。

◆蛋壳水

蛋壳在放入堆肥桶之前，先用手捏碎再泡在水里，就是蛋壳水，里头有许多养分。

对付常见虫害

不光是栽培蔬菜，任何作物都有可能发生虫害，差别只在于危害的程度，以及要不要处理而已。小面积栽培的蔬菜，只要选择适当的种类，其实虫害有限。想象一下，在高楼林立的阳台或屋顶，害虫要找到你的蔬菜，然后大吃一顿，还真得靠几分运气！通常，害虫最可能是从新买的盆栽偷渡进来的，所以购买之前务必仔细检查。

不过栽培蔬菜，要说永远都没有虫害，那是不可能的。所以有必要了解最常见的害虫和疾病，然后找出对付的方法。

虫虫危机

●蚜虫

主要以吸食新芽的汁液为生，几乎所有的植物都难逃其害。种类繁多的蚜虫，是菜园里最令人头痛的。因为其体型小，无法捕捉，一旦发觉的时候，数量通常已经很多了，不过在生态平衡的花园里，通常会有天敌，如瓢虫和其幼虫、小螳螂、蜘蛛等前来捕食。或者使用未经稀释的牛奶，喷洒在蚜虫身上，干掉的牛奶具有黏性，会堵塞呼吸的气孔，如此一来蚜虫就会死翘翘了。

●青虫

是纹白蝶的幼虫，主要以啃食十字花科的叶片为生。所以一开始栽培，就用网子罩住，可以避免虫害发生。由于夏天的蔬菜少有十字花科，所以多半在秋天至春天较常见。只要见到白蝶在菜园里飞舞，大概不用一星期，就可以发现叶子上有虫吃过的痕迹，或者绿色的虫便。如果叶子表面看不见虫，那就找找菜心，或将叶子翻过来应该就会发现，然后用镊子夹起来。

●夜盗虫

是一种蛾类的幼虫，以啃食叶片为生，而且不挑食，什么菜都吃，外表黑黑花花的，很接近土壤的颜色。白天躲在土壤的空隙中，等夜晚才会跑出来偷吃，因而有“夜盗虫”之称。由于其食量惊人，受到危害的蔬菜，往往一夕之间会被吃掉一大片，所以要利用夜晚捕捉。

●叶螨

是一种体型很小的昆虫，大约只比灰尘大一些而已，在夏天高温干燥时，很容易出现在叶子背面。受害的叶子，表面会有许多白白的小点，尤其以瓜类和茄子的叶片最容易发生，所以要将受害的叶子剪除，或者经常在叶背喷水，因为叶螨讨厌湿气。

●其他害虫

关于其他没有被点到名的，如黄守瓜、黄条叶蚤和蚱蜢等，因为这类有翅膀的昆虫，很难防治且危害并不严重，所以就睁一只眼闭一只眼算了。另外像蜗牛、蛞蝓等，虽然会危害刚发芽的幼苗，不过大多数的时候，是以黄叶及烂叶为生，防止的方法就是一只只抓起来，拿去户外丢掉，或者在浅盘内倒入些许啤酒，也可以轻易捕捉到。

防止鸟儿偷吃果实的方法

栽培果实类的草莓或番茄时，果实往往才开始要转红，鸟儿便已捷足先登！所以在一开始结果的时候，使用网子和铁丝将盆栽罩住，就可以防止鸟儿前来偷吃。制作方式如下。

1.将兰花用的软铁丝弯成U字形插入盆中。

2.长条形的花盆则需要使用三支铁丝。

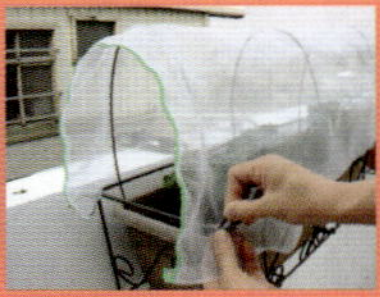

3.罩上从五金行买来的薄纱网。

4.用小夹子将网与铁丝固定即可。

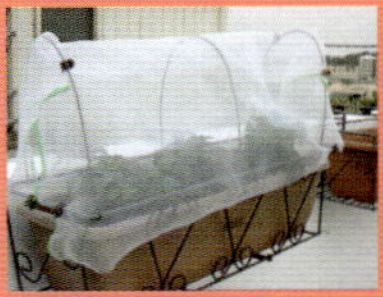

5.用纱网罩起来，就再也不用担心鸟儿捷足先登了。

6.栽种番茄时，果实未变红时打开纱网没关系；但若是草莓，最好一开始结果就要罩起来，因为即使尚未变红的草莓果实也是鸟儿的最爱。

选择合适的盆器

想成功地用花盆来栽培蔬菜，除了日照、肥料、水分、土壤等基本元素之外，盆器大小的选择，其实也很重要。通常越大的盆器，蔬菜的产量也越多，如果是以供给家庭蔬菜为目的的话，当然盆子越大越好，种类则以产量高、可重复采收的叶菜类为主。只是在有限的空间，不可能使用太多的大型盆器。

通常阳台栽培，使用长方形的花盆最能节省空间，可以靠着窗边的栏杆来摆放，加个市售的专用挂架，又可以挂起来。不过由于盆器的深度只有十几厘米，并不是很深，在夏天时土壤很容易缺水，因此仅适合栽培小型作物。而圆形的花盆，选择直径至少30厘米、高度20厘米以上的就可以了。

除此之外，光线不足的角落，可以搭配一些快速成熟的芽菜类，以提高蔬菜的产量。另外，栽培盆栽蔬菜时，由于每天都至少要浇水一次，由盆底所流出来的水可能会滴到楼下，影响行人，可在盆栽底下垫个盛水盘。

炎热夏天里的短暂休耕

在炎热的夏季，尤其是七八月份的时候，无论早上给予多么充足的水分，到了中午蔬菜们还是一副干渴的模样。尤其是在毫无遮阳的屋顶，强烈的日晒，再加上水泥地面所反射出来的热气，对植物来说真是严峻的考验！在这样的天气，是否应该暂停栽种、休耕一下？

通常采收一次就必须重新播种的蔬菜，我会在6月以前播种完毕，当七八月采收完，就让泥土休息一下，等到9月再开始。仅剩下收获期很长的茄子、青椒、辣椒，以及多年生的叶菜类等，种类减少了，照顾起来也会比较轻松。

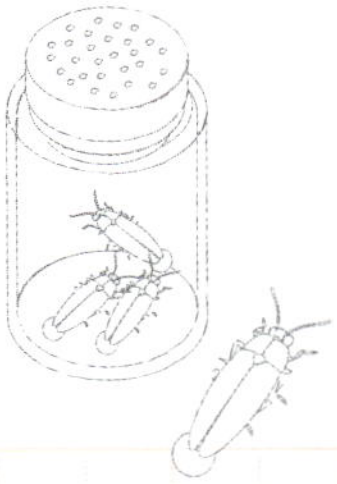

利用休耕的时候暴晒一下土壤

从秋天一直利用到隔年夏天的土壤，其实已经有些疲惫，虽然不断有添加堆肥，不过如果能给予土壤一段时间休息，反而有利于下一季的栽种。

1.将花盆里的土壤倒出来，并将土壤拨散，残留的根茎清除干净。 → 2.如果有白胖的金龟子幼虫一定要抓起来，免得危害下一季的蔬菜。 → 3.在夏天强烈的阳光下暴晒3～5天，拌入一半的堆肥，然后装回花盆里。

Part 3
盆栽蔬果篇
36种最适合盆栽的蔬果

种菜可以很简单！从夏天到秋天，精选出一季的蔬果，看着种子播下、长出嫩绿小芽、转眼间已经果实累累，那种新鲜的滋味、丰收的感动，你一定得试试！

MACHINISTS
OPERATORS

·A· 入门级

马上就能成功采收的蔬果

叶菜类

皇宫菜

最适合生长的盆器建议尺寸 /
60厘米×22厘米×17厘米的长方盆

小知识

科　　　别：落葵科、多年生草本
可食用的部分：叶片、嫩茎
我的种植月份：5~10月
其 他 名 称：木耳菜、洋落葵、胭脂菜、软浆叶

漫长雨季里，园丁心中信仰的是太阳！虽然天气恶劣，但我知道云层之上就是太阳，它能够赋予植物生长的能量，使大地欣欣向荣，花园充满希望。

无所作为的雨季里，我又重读赫曼赫塞的《园圃之乐》，对于书中“我的青春岁月是一座花园”的心境愈发有同感。的确，园丁需要花费许多光阴在花园里，才能使花果丰饶，但美好的生命若能消磨在花园里，不也是一种幸福？

不过，今天除了一小把韭菜，似乎没有青菜可以下锅。我的目光在园子里搜寻了两圈，看来仅剩下皇宫菜的老叶了，勉强剪下一些叶子后，几乎剩下光秃秃的枝干。怎料底下竟躲了只大蟾蜍，我在没有心理准备的情况下当场惊叫出声，没想到蟾蜍却无动于衷，过了一会儿才慢条斯理地转过身，像一位绅士般缓缓离去，留下一阵错愕的我。

小提示

- 生命力强、生长快速并耐湿耐旱，在日照不足的地方也能生长；当水分充足时，叶片口感较好。
- 新芽具有缠绕的特性，会沿着栏杆蔓延，如果不让其攀爬，最好趁鲜嫩时将新芽采下食用。
- 皇宫菜除了播种之外，也可以像地瓜叶一样用顶芽来插枝。

成长日志

1 春天时掉落的种子会自行发芽。

2 随着气温升高，生长速度会加快。

3 长出10片叶子时，须摘心促进侧芽生长。

4 经常采收会长得很茂盛，每个月给予一次追肥即可。

5 足够长的新芽会缠绕生长，如不当成绿篱来栽种，要连嫩茎一起剪下。

6 秋天日夜温差变大，会开始开花。

7 种子变黑就是成熟了，可以采收以待来年春播，或任其掉落。

栽培Q&A

Q 所栽培的皇宫菜，表面出现咖啡色的斑点，这种情形是植株生病了吗？

A 皇宫菜生长强健，很少有病虫害。咖啡色斑点容易发生在老化的叶片上，虽然称之为斑点病或锈病，其实不管它也无妨，照样可以食用。除此之外，遇到10℃以下低温，叶片边缘会有冻伤的现象，并不是生病。

皇宫菜拌芝麻

HOW TO DO IT

- 材料

皇宫菜

- 调味料

酱油、香油、白芝麻

- 做法

1 取皇宫菜的叶片及嫩芽洗净备用。

2 汆烫后拌入酱油及香油，撒上白芝麻。

叶菜类

紫苏

最适合生长的盆器建议尺寸/
直径20厘米的花盆栽种1株

小知识

科　　别：唇形花科、一年生草本
可食用的部分：叶片
我的种植月份：4～6月播种
其他名称：红紫苏、苏叶

很难想象都5月底了，温度还经常在十几摄氏度徘徊，棉被收收拿拿好多次，不知天气何时会好转。连续多日的豪雨，花园又是一团糟，傍晚雨势总算缓和些，终于可以从容踏出屋外，感觉像过了一段漫长的时光。

花园里植物们东倒西歪全变了样，飞燕草损失惨重，紫苏的幼苗虽然没怎么长大，但并不受豪雨影响。以前不觉得紫苏的味道有什么特别，现在却觉得那种味道好香，是一种令人怀念的味道，也许是因为掺杂了期待夏天来临的心情。

其实我的料理很少用到红紫苏，因为红紫苏的纤维太粗糙，仅用来煮茶或腌渍，绿紫苏的嫩叶倒还常用些。据说将红紫苏的叶片炸得酥脆后，很适合用来佐面或配饭，日式料理中的野菜天妇罗，除了以一般蔬菜为主角外，也会将绿紫苏叶裹上面衣油炸，搭配特调的清淡酱油，是我最喜欢的菜品之一。

小提示

- 紫苏是很容易播种的强健香辛蔬菜，即使掉落的种子也能自行发芽。
- 经常采收成熟的叶片，一旦发现花芽要立即摘除，如欲采种仅须保留一枝花芽。经常采收，也让紫苏的叶子长得更茂盛；阳光充足时，叶子的颜色会变得较深。
- 具有杀菌功效，用不完的紫苏叶可以晒干保存当茶叶用。

成长日志

1 每年春天，绿色和红色的紫苏，都会准时来报到。

2 玫瑰花的盆子长了绿紫苏。

3 由于会长得很大，所以一定要移植，以免影响原本盆里的植物。

4 可以不必经过育苗盆的栽培，直接移种到欲栽种的位置即可。

5 长出8片叶子时要摘心，促进分枝。

6 侧芽很快长出。

7 种在地上的红紫苏叶要勤于修剪，以免开花。

8 青紫苏和红紫苏各种上1株，用都用不完呢。

栽培Q&A

Q 如果想要栽种绿紫苏，要选择幼苗还是种子来栽种呢？

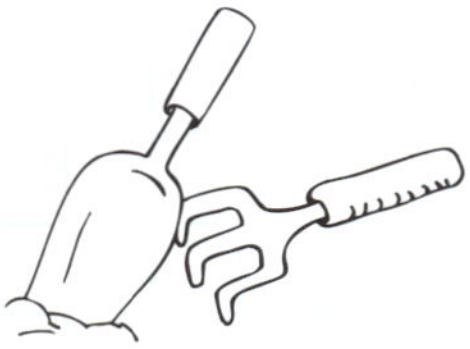

A 以种子栽培的话，可以在4月及9月左右播种，盆钵种植时一次多播一些种子，等本叶长出两片以后再移植或疏拔。购买幼苗则每个花盆种入1株就够了，因为是已经生长45天以上的幼苗，所以定植之后会快速成长，可节省栽培和等待的时间。

紫苏寿司

HOW TO DO IT

● 材料

绿紫苏叶、海苔、寿司饭、紫苏梅、山药

● 调味料

烤熟白芝麻

● 做法

1 将紫苏梅去籽后切碎，山药切条状。

2 寿司饭均匀铺在海苔上，中间放梅肉再放绿紫苏叶及山药，撒上烤熟白芝麻。

3 完成后的寿司切开来排入盘中即可。

叶菜类

苋菜

最适合生长的盆器建议尺寸 /
直径45厘米×高20厘米的圆盆

小知识

科　　　别：苋科、一年生草本
可食用的部分：叶片、嫩茎
我的种植月份：4～9月
其 他 名 称：苍菜、荇菜

花园里的百子莲一旦盛开，夏天便确确实实地来了！硕大的紫色花球，声势浩大地占据花园一角，唯恐我错失了夏天来临的信息，要这样既热闹又喧哗地提醒我。

秋冬的蔬菜已铲除殆尽，仅在边缘留下少许香草，4月种下的彩色甜椒才长到十几厘米，夏天的蔬菜则多半是瓜果和豆类，叶菜较少。我在裸露的土壤中撒上两种颜色的苋菜种子。5月的菜园青黄不接，得勤劳地下山采买，顺便和菜贩聊聊天，交换种菜心得，有时也会发现少见的蔬菜品种。今天的收获是一种没见过的苋菜，俗称大陆苋菜，叶片狭长色泽较绿，可惜没有种子可买！于是买了一把带根的，只要有根，我就能栽培到开花，得到种子，这样一来，菜园里就有三种不同颜色的苋菜了！

要比口感，浅绿色的苋菜最为细嫩，紫红色苋菜比较硬，绿苋则介于两者之间；营养成分则是红苋菜取胜，因含铁质多，略胜一筹。

小提示

- 每年夏天来临前，掉落的种子会自行繁殖，可见苋菜是一种繁殖能力很强的蔬菜。苋菜能耐贫瘠的土地，口感以绿苋较佳，抗病性则是红苋较强。
- 要间拔过密的小苗，以免菜叶拥挤、通风不良而导致蔬菜生病。
- 户外有许多野生的苋菜品种，虽略有不同，但都可以食用；摘取野菜时，要注意是否有除草剂的问题。

成长日志

1 苋菜的种子细小，使用撒播的方式播种，要撒密些。

2 喜欢高温，气温高达30℃时，3天就可以发芽。

3 三星期后的样子。

4 地面栽培时，撒上红绿两色的苋菜，让蔬菜花园的色彩更丰富。

5 六星期后菜叶便挤满了盆子，必须剪下一部分来食用，避免过度拥挤。

6 采收时保留2厘米，以剪刀剪下，留在土里的茎会再次萌发新芽，可采收多次。

7 苋菜的花朵长在茎节间，不易发现。

8 绿色苋菜里竟混有红色品种。

栽培Q&A

Q 苋菜的叶子背面若发现白白的小点，是不是代表生病了？

A 这种情形很有可能是白锈病！除了苋菜之外，空心菜也很容易感染，尤其是在高温闷热的夏天；建议将叶片剪除，促进空气流通或者早点采收。虽然白锈病使叶子看起来卖相不佳，但食用上是绝对没有问题的，所以放心采收吧。

苋菜拌粉丝

HOW TO DO IT

●材料

苋菜、冬粉、蒜片

●调味料

香油、蚝油

●做法

1 冬粉放入滚水中煮熟，沥干后切小段备用；苋菜洗净，切小段烫熟。

2 再与香油、蚝油、蒜片拌匀。

叶菜类

红凤菜

最适合生长的盆器建议尺寸 / 60厘米×22厘米×17厘米的长方盆

坦白说，我一点也不喜欢吃红凤菜，但是却爱它的颜色，喜欢看着红凤菜的紫色汤汁，渗入白米饭的那种感觉。

很多时候，我种菜不是为了食用，纯粹只是享受一种心情，一种想重温某一段回忆的心情，那种过了三十几年也不会改变的蔬菜味道。有点腥臊、有点野，真是一种错综复杂的滋味！中年的心情是什么呢？应该也是五味杂陈吧！有时会缅怀过去的美好时光，一方面又紧跟着时代脚步，唯恐被抛出人群之外。对许多事物的看法逐渐改变，收拾起偏见，愿意多加尝试，即使失败了也不会太在意。

对食物的好恶也是，包括对于红凤菜！我会因为它含有较多铁质，而愿意每个月勉强吃个一两回。不想再试图改变，红凤菜特有的野味，除了用麻油和姜爆炒之外，似乎也没有什么更高明的做法了。

小知识

科　　别：菊科、多年生草本
可食用的部分：嫩茎、叶片
我的种植月份：全年
其 他 名 称：红菜、紫背菜、补血菜、血皮菜

小提示

- 迟迟不采收新芽食用的话，红凤菜会在春天开出粉扑般的美丽黄花。
- 栽培多年后，老化植株新芽的生长力会变差而影响收成，可于春天重新插枝以繁殖新株。
- 春天生长最为快速，夏天因高温会略为停顿，可栽植于树下。
- 能忍受较差的生长环境，对土壤的适应力很强，若为疏松肥沃的土壤会生长得更好。

成长日志

1 红凤菜还有一种绿色品种俗称白凤菜，两者栽培和繁殖的方法都是一样的。

2 选择茎比较粗壮者留下来插枝。

3 保留顶端3片叶子，其余剪下来食用。

4 修剪完成。

5 插枝用的培养土不可以有肥料，不然植物会烂掉。

6 遮阳一星期后已开始长新叶，底下应已长根，两星期后才能施肥。

7 红凤菜含铁质多，美丽的紫红色，是花园里很好的点缀。

栽培Q&A

Q 红凤菜和白凤菜是否任何季节都可以插枝呢？

A 虽然一年四季红凤菜都可以生长，但是以春秋两季生长得最快，所以插枝的存活率会较高。其他的季节则差一些，不过有些还是可以成功的，所以一次可以多插几枝试试看。

叶菜类

地瓜叶

最适合生长的盆器建议尺寸 / 直径45厘米×高20厘米的圆盆

小知识

科　　　别：旋花科、多年生草本
可食用的部分：嫩茎、叶片、地下根
我的种植月份：全年（但夏季生长最好）
其 他 名 称：红薯叶、番薯叶

这两年兴起一股吃地瓜养生的风潮，地瓜突然成了可以治百病的食物。不但许多科技新贵趋之若鹜，连我这个家庭主妇，为了家人的健康，桌上也开始天天出现地瓜。说真的，要每天不间断地吃地瓜，还真有些困难！连续一星期出现在餐桌上的地瓜，开始有人拒吃了，兴冲冲买回来的十斤地瓜，终于在厨房的角落里发芽。

长出叶子的地瓜，内部松散、风味变差，食之无味却弃之可惜，心想既然都长叶了，不如就种下吧！就这样，我拥有一大盆的地瓜叶。第一次收获的地瓜叶，吃起来口感其实不如市场买来的美味，尝起来有些一般，才发现原来地瓜叶还分为食用根部或是叶子的不同品种，这年秋天倒收获了十来条大小不一的地瓜。

栽培地瓜叶真的很简单，将从市场买回来的地瓜叶，留下顶芽的梗子用来插枝，很容易存活。不过现在我比较偏好改良的品种，藤蔓不会到处蔓延，生长也迅速，而且不占空间。

小提示

●地瓜是喜欢氮肥多一点的蔬菜，每个月可给予含氮的液体肥料。

●做多年生栽培时，要在每年春天剪取顶芽重新插枝，淘汰老化的枝条。

●10月份天气变冷以后，生长停顿、叶子也萎黄时，即可铲除改种冬天的蔬菜。

●发芽的地瓜也可以食用其叶片，只是口感不如食用叶片的品种来得细嫩。

成长日志

1 从市场买回带有茎的地瓜叶，选粗一点的枝条来插枝。

2 带有顶芽的更好，只要保留3片叶子即可。

3 卖菜的阿婆告诉我，插枝时三枝一丛长得较茂密（以前都是一枝枝分开插），所以来试验看看。

4 不需遮阳但要每天浇水，5天后就有新芽长出来了，但还不能施肥。

5 两星期后新芽已有15厘米，采收时保留两节生长点，采收后即施以液体肥料。

6 遭蚜虫吸食顶芽，一片焦黑，须剪除并尽快找出害虫，以免继续受害。

7 逮到了！像蚊子般大小的蚜虫成虫。其幼虫体型很小而且为橙色，仔细检查受害的叶子部分应不难发现，一定要立刻消灭才行。

8 盛产期每隔几天就能采上一篮，刚好够吃一餐。

9 冬天来临前，底下竟然有地瓜，又是意外的收获。

栽培Q&A

Q 地瓜叶是不是直接拿发芽的地瓜来种就可以了？

A 发芽的地瓜所长出来的叶子也可以吃，不过市面上所贩卖的地瓜叶，是一种专门以食用叶子为主的品种，所以吃起来口感会比较好。

翡翠面疙瘩

HOW TO DO IT

●材料

地瓜叶、面粉

●调味料

意大利面酱

●做法

1 地瓜叶加少许水用果汁机打碎。

2 加入面粉拌匀至呈糊状，再放入少许盐调味。

3 等水煮沸后，以小汤匙将面糊舀入，煮至浮起。

4 搭配喜欢的酱汁食用。

叶菜类

水田芥

最适合生长的盆器建议尺寸/
直径35厘米、高20厘米的水钵

小知识

科　　　别：十字花科、多年生草本
可食用的部分：嫩茎、叶片
我的种植月份：全年（但夏季生长最好）
其 他 名 称：西洋菜、水芥菜、水蔊菜

每天早餐吃着花园里摘来的蔬菜，有时倚着窗边喝杯咖啡，欣赏不时光临我这小小园圃的鸟儿悠闲地寻觅着早餐，我的园子里永远提供免费的食物和饮水。相比之下，其实鸟儿才是最悠闲的。

常有人怀疑地问我，区区几个花盆能种出多少菜？怕是自己吃都不够吧！光是看一小盆的蔬菜，一次所采收的分量自然不多，但许多蔬菜可以不断采收，累积下来的数量就很可观了，虽然不能让你一次吃到饱，但谁需要餐餐蔬菜吃到饱呢？

其实我对水田芥并没有什么深刻的记忆，据说广东人擅长用水田芥和排骨熬汤，要是少了这味菜，汤便不地道了。不过水钵里的这盆西洋菜，好像从栽种到现在一次也没吃着！每当它茂盛肥美的时候，我心里想着该采收了，但青虫总抢在我之前吃得坑坑洞洞，使我连采收的兴致都没了。只好自我安慰，反正根还在，就等下一回吧！但是，下一回依然没我的份！我不禁开始怀疑，市场上那一大把又肥又嫩的水田芥，究竟是如何躲过虫害的，该不会有个温室水塘来栽培吧？虽然也曾想过罩上一层网子，却始终没有着手，可能水田芥之于我，没有非吃不可的理由。

小提示

- 水田芥在春天很容易遭受青虫危害，但萌芽能力很强，并不会因此而死亡，将受害的部分剪除即可。
- 植株很怕干燥，所以水钵栽培时要注意不要让水干掉。
- 若栽植于沟渠或水塘的浅水区，生长会很快速，需要经常采收并限制其生长范围。

成长日志

1 水田芥的种子和幼苗很少见，可直接从市场买回来，留下顶芽10厘米，插在水里直到长根。

2 一星期左右根清晰可见。

3 此时就可以移到土里或户外的水钵栽培。

4 移植后要充分浇水，并避免强烈日照，蔽阳处也可以长得不错。

5 喜欢水边，很适合和睡莲一起养在水缸里。

栽培Q&A

Q 我的水田芥今天发现受到外患，整片嫩叶被不明物体袭击，满目疮痍，要如何拯救?是蚜虫吗?

A 翻开叶子看一下背面，是不是有绿色的小虫？如果有，那是白蝶的幼虫。水田芥最主要的害虫就是青虫和蚜虫，青虫啃蚀叶片会将叶子吃个精光，所以一定要抓起来。蚜虫则聚集在顶端，可以将受害严重的新芽剪除。

水田芥三色粥

HOW TO DO IT

●材料

水田芥、白饭、香菇、胡萝卜、玉米、素高汤、姜丝

●调味料

盐、白胡椒、香油

●做法

1 将素高汤加水稀释煮开。

2 放入白饭及所有配料煮软，加适量盐调味。

3 起锅前撒上白胡椒，滴入香油，再加入水田芥略煮即可。

※水田芥因为快熟，不要一开始就放入一起煮，以免过于软烂，口感香味都不佳。

叶菜类

香蓼

最适合生长的盆器建议尺寸 /
32厘米×13厘米×13厘米的长方盆

小知识

科　　　别：蓼科、多年生草本
可食用的部分：叶片
我的种植月份：全年
其 他 名 称：越南芫荽

孩子上了中学后，在外面吃饭的机会多了，有了比较，开始会抱怨妈妈做的饭菜没有外面好吃！此时，我就会搬出我的至理名言：要把食物煮得好吃很容易！

乍听之下，要不是以为我是个很会做菜的人，就是觉得我在吹嘘。想做出好吃的料理，除了材料新鲜之外，调味料还得下得狠。只是主妇肩负家人健康，坚持低油、低盐，每一项调味料都细细拿捏，能少就少，厨房里自然连味精也不会有。

其实真正的美食，讲究的是做出食物自然的滋味，意大利面就该有意大利香料，绝不可鱼目混珠使用替代品，而日本料理，就该用日式酱油。能抓住食材的味道，就是好料理。

因为喜欢尝试异国料理，所以花园里种了不少香料，其中香蓼就是越南米卷里面不可缺少的蔬菜。除了意大利人，我发现越南人也是使用香料的个中高手，单独食用香蓼会觉得味道颇呛，但是加了烧肉和米做成的米卷，只要几片香蓼，那滋味就与众不同。

小提示

- 喜欢潮湿的环境，夏天时要给予遮阳，或栽培于大树底下，避免直接种在烈日下，其他季节则可接受充足日照。
- 香蓼怕冷，在寒冷冬天时生长会停顿。若位处高冷地区要栽培在温室中。

成长日志

1 长到10厘米以上时，就可剪下5厘米来使用。

2 成熟的枝条可以留下来插枝。

3 留下顶端3片叶子，其余用剪刀剪下。

4 由于叶子薄而软，故须先吸水4小时再插枝。

5 插枝后的头几天叶子会垂垂的，看起来像枯萎，但是长根后就会改善，此期间要注意遮阳并保湿。

6 经常修剪促进分枝，会长得更茂盛。

栽培Q&A

Q 香蓼越长越高时，底下的枝都没有叶子，是不是要修剪？但剪了就只剩下光秃秃枝干，这样植株会死掉吗？

A 在春天天气回暖的时候，新芽开始生长，此时就是最好的修剪时机。可从地面5厘米的地方剪掉，剪下来的枝条又可以用来重新插枝繁殖；其他季节则可保留几枝带叶子的枝条进行光合作用，不要剪得光秃秃。

香蓼米卷

HOW TO DO IT

● 材料

越南米皮、香蓼叶、薄荷叶、素烧肉、高丽菜、胡萝卜、白饭

● 调味料

沙拉酱、柠檬汁

● 做法

1 香蓼叶和薄荷叶用手撕碎，高丽菜、胡萝卜切细丝，烧肉切小块。
2 白饭先拌入沙拉酱、柠檬汁及1拌匀。
3 米皮用冷开水喷湿，放一会儿就会变软，再铺上调好味的沙拉米饭，卷起来即可。

叶菜类

角菜

最适合生长的盆器建议尺寸 /
直径20厘米、高7厘米的圆盆

小知识

科　　　别：菊科、多年生
可食用的部分：嫩茎、叶片
我的种植月份：全年
其 他 名 称：珍珠菜、甜菜

角菜在角落里自顾自的开了花，既小又不起眼的花，甚至连吸引人的色彩也没有。也许强势的角菜，根本不需要靠种子来繁衍族群，光是那蔓延的走茎，既耐阴又耐旱，已鲜少有蔬菜能与其匹敌，正因为如此，开花对角菜而言，只是为了搭乘台湾地区秋天的东北季风，旅行到更远的地方。

角菜这个名称，是我当了家庭主妇之后才知道的！小时候我们管它叫珍珠菜，不知道和珍珠到底有什么关系？若真要牵扯在一起，也许是它那粒状的小白花使然。尽管如此，还是让人觉得有些勉强。

8月的夜里，已嗅得出秋天的气息，播下朋友从美国带回来的蔬菜种子，一小袋种子里，含有十多种不同的沙拉菜，其中有我一直想要的红色结球莴苣以及水芹。终于可以摆脱叶菜种类稀少的夏天，虽然夏季不乏产量丰富且深具个性的叶菜，但是总少了些色彩和变化。

小提示

- 虽是多年生的蔬菜，但以春天生长最为旺盛，春天到初夏的角菜更是鲜嫩可口，此时会长出许多带根的走茎，可以剪下来繁殖。
- 老化的黄叶要连梗带叶拔除，经常采收可以促进新叶生长。
- 能忍受日照较差的环境，对土壤的适应力很强，由于叶片带有特殊香气，鲜少有虫害。

成长日志

1 角菜的种子和幼苗很难购买，多半是自家菜园所栽种。

2 茎不明显而且非常短，一定要带有茎才能插枝，否则无法存活。

3 去除多余叶子，连叶柄一起剪掉。

4 剪成这样就可以插枝了。

5 一个月后新芽陆续长出，确定已经存活便可以施肥。

6 采收时保留两片嫩叶，其余用剪刀连同叶柄一起剪下。

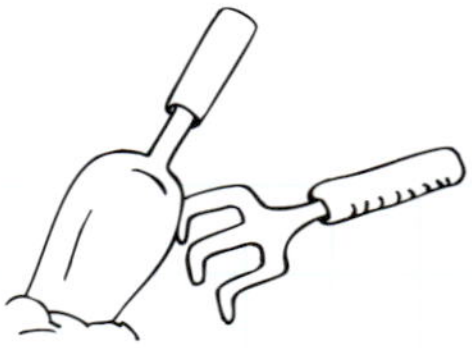

栽培Q&A

Q 市面上买得到角菜的种子或苗株吗？

A 角菜的种子或苗株很难购买，一般都是在传统市场买一把带有一点点根茎的回来插枝，或者可在市民农园或菜园和人交换取得。

角菜蛋包汤

HOW TO DO IT

● 材料

角菜、蛋

● 调味料

高汤

● 做法

1 角菜洗净去除硬梗，留下叶子。

2 水煮沸后打入蛋，煮熟捞起。

3 将高汤调好味道煮滚后，加入角菜略煮。

4 最后放进煮熟的荷包蛋即可。

叶菜类

野麻婴

最适合生长的盆器建议尺寸 / 直径28厘米、高25厘米的圆盆

午后的大雷雨，雷声与闪电仿佛要撕裂天空，能量不容小觑。这就是夏天的雨，慷慨激昂毫不保留，噼里啪啦的雨下得真痛快，只是不免担心我刚种下的野麻婴幼苗！所幸雨势虽然来得急，但也去得快，野麻婴的幼苗比想象中强壮多了，大雨对它并未有丝毫影响。

大概有七八年没再种过野麻婴，第一次因为栽种了太多株，高大的野麻婴产量惊人，这种当时少见的蔬菜，很多人都吃不惯，连自己都吃到有点怕，之后再也不敢种了。

想想，每年选择菜种的时候也挺为难，产量太少的蔬菜只够塞牙缝，但太多也不行。所以这次我种了两株，因为担心其中一株阵亡，但发现似乎是多虑了，没多久，两株野麻婴就在园子里窜出头来，对我说："嗨！好久不见！"

小知识

科　　　别：田麻科、一年生
可食用的部分：叶片
我的种植月份：5～10月
其 他 名 称：埃及野麻婴、山麻、长蒴黄麻

小提示

- 属于一年生的蔬菜，所以每年要重新播种，等到气温回暖至28℃以上才播种。
- 喜欢高温炎热，一直到秋季都能采收叶片，对25℃以下的低温很敏感，会开始开花而停止生长。如不采收种子，可在秋天开始开花时铲除，改种冬季蔬菜。
- 汁液有黏性，采收时最好用剪刀剪取。

成长日志

1 播种一个月左右的幼苗。

2 长出第10片叶子时就剪去顶端（摘心），促进分枝。

3 野麻婴的黄色小花谢了之后，绿色的种荚会逐渐长大，等种荚变成褐色即可采收保存，供来年播种之用。

4 两个月后已经长得很高，分枝也很多，要经常采收新芽食用。

5 每次只采收长度5～10厘米的嫩芽，或者每个枝条保留两片叶子，其余剪下来食用。

栽培Q&A

Q 野麻婴的叶子越长越小，是什么原因？

A 通常可以连续采收新芽的蔬菜，如果一直采收却没有施肥，很容易出现这种情形。虽然野麻婴生性强健，并不需要很多肥料，但盆栽种植时因为土壤和肥料有限，所以对肥料和水分的需求也比地面栽培多，在生长快速的夏季，要半个月施一次追肥。另外入秋之后气温开始降低，也会出现叶子黄化的情况，并逐渐停止生长。此时如不打算采收种子，可以将之铲除改种其他蔬菜。

叶菜类

土人参

最适合生长的盆器建议尺寸 /
32厘米×13厘米×13厘米的长方盆

小知识

科　　　别：马齿苋科、多年生
可食用的部分：嫩茎、叶片、根
我的种植月份：全年
其 他 名 称：水人参、参草

餐厅外有一条长长的走道，由于位于两栋房屋中间，光线并不是很充足，但地上覆有泥土，所以刚搬来的时候，在这里栽种了一株香椿和土人参，以及一小盆马茶兰。马茶兰种到地上之后，现在已有一层楼高，夏天满树的白花，只要打开窗户，香味便会飘进来，整个屋子里弥漫着一股淡淡的茶香。有一棵花树真不错，不必费心照顾，虽然一年只盛开一次，但已让人心满意足。

至于土人参，只要栽种过一次，便会一直在园子里长出来。就算不曾刻意栽种，细小的种子也会乘着东北季风到处散播，就连水泥地，只要有那么一丁点的缝隙便能生长，哪怕是阴暗角落，也要来凑上一脚。

听起来像是讨人厌的杂草，其实土人参是以观赏植物的名义从热带美洲引进来的，没想到跑出花园之后，一发不可收，成了随处可见的野菜。

小提示

- 阴暗处也能生长的多年生野菜，主要采收其叶片和嫩芽，对肥料的需求很少，是一种不需要照顾就能生长的野生蔬菜。
- 一旦开花，嫩芽会变硬而不好吃，所以得趁早采收，花谢后的种子很容易繁殖。

成长日志

1 墙角或公园附近很容易发现土人参。

2 用剪刀剪下来后分成数枝，每枝大约10厘米。

3 对土壤不挑剔，很容易插枝。

4 插枝完毕，要充分给水，大约一星期之后即能恢复生长。

5 抽出花芽前就要剪下茎叶来食用。

6 花谢后很容易结籽，也可以使用种子来播种。

7 将种荚剥开后，均匀撒在培养土上，保持湿润不必覆土，5~7天发芽。

8 一个月后的模样。

栽培Q&A

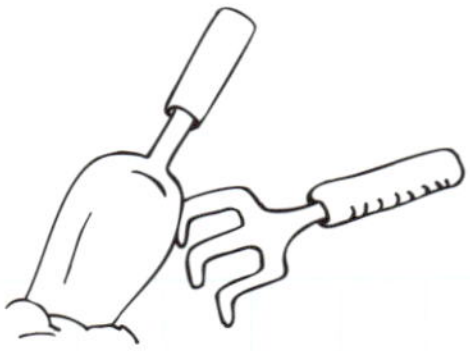

Q 土人参的根如果要用来炖鸡汤，请问是直接拔起来就可以使用吗？还是需要先晒干再入菜？

A 如果在户外野炊，可以直接拔起来洗净使用。但是晒干可以保存比较久，由于土人参全株皆可为利尿剂，在东方人的观念里是属于偏寒性的食物，所以体质虚寒的人，比较适合以晒干的土人参来炖汤。

土人参拌味噌

HOW TO DO IT

●材料

土人参叶片

●调味料

味噌辣椒酱、日式淡酱油

●做法

1 土人参叶片洗净汆一下。

2 拌入味噌辣椒酱及淡酱油。

果实类 长茄

最适合生长的盆器建议尺寸/
直径42厘米、高25厘米的圆盆

小知识

科　　　别：茄科、一年生
可食用的部分：果实
我的种植月份：3～10月（3～6月购买幼苗）
其 他 名 称：麻薯茄

受到台风外围环流的影响，下了一整夜的豪雨，没想到，早上却还是出了个大太阳，土壤里大量的水分被蒸发上来，天气变得又湿又热。茄子的果实长大好多，可能是吸收了雨水，看来明天就可以采收了！

4月份种下的茄子，到了7月开始大量结果，尤其是这种俗称为麻薯茄的长条形茄子，长长的果实看起来极具分量，口感松软又细嫩，是一般料理中最常用的种类，不过西式的炖煮料理则不适宜，因为会糊成一团。

园子里种了三个不同品种的茄子，因为收集不到其他种类，否则还会种得更多。我栽种茄子不是为了食用，主要是为了欣赏。茄子的叶片像是一把小提琴，紫色的叶脉轮廓分明；如风铃般的淡紫色小花，垂悬在枝叶间隐约可见；还有果实累累的紫色果实。茄子所带给我的乐趣，远远超过饮食。

中年以后开始懂得，不是做每一件事情，都一定要有目的或是结果，也可以只因为单纯的喜欢。不必再像过去，事事要求完美，要求目标；也可以抛开偏见，听听地方戏曲或者流行音乐，甚至可以把种菜当成娱乐。

检视过去吹毛求疵的个性，不禁想说……中年真好！

小提示

- 生育期很长，每个月须施肥一次，建议使用发酵完全的鸡粪或牛粪堆肥。
- 由于果实较长，所以在定植时务必立好支柱，将植株固定，才能支撑结果时所增加的重量。
- 采收果实最好在早晨天刚亮的时候，由于水分含量多，口感更鲜嫩。
- 花谢后大约18天，即使茄子长得不大，也必须将果实采下。
- 酷夏时生长和结果都会暂时停顿，此时可修剪枝条的1/3，或将瘦弱的枝条剪掉，等入秋之后又会开始生长。

成长日志

1 和巴西里、意大利芹及迷你番茄合植的茄子，长大后刚好可提供遮阳，帮助巴西里度过炎夏。

2 买回来的矮小苗株，可能已有果实，此时一定要忍痛摘除再定植。由于栽种的是结果期很长的品种，所以尽可能让幼苗长大后再结果，收获也会比较多。

3 第一朵花谢后一星期，已长出4厘米长的小茄子，此时植株高度大约20厘米。

4 15天后已有20厘米长。

5 挂满茄子的植株，既能欣赏又能食用。

6 不同品种的茄子，花也不同；左边较小的是长茄子的花，右边则是圆茄子的花。

栽培Q&A

Q 茄子的种类很多，每一种都可以食用吗？

A 不是每一种茄子都能食用，尤其是在野外，看见一些长得像茄子的植物，千万不要任意采食或挖回家栽种。想栽培食用蔬果，还是要通过专门的销售中心取得种苗，以免发生中毒的情形。

茄子意大利面

HOW TO DO IT

- 材料

煮熟的意大利面、茄子、橄榄油、蒜片、辣椒

- 调味料

黑胡椒、盐、巴西里

- 做法

1 茄子切圆片，抹上盐后，入锅以橄榄油煎至金黄，撒上黑胡椒。

2 蒜片煎香加入辣椒再煎一下，拌入煮熟的意大利面，撒上巴西里。

3 将煎好的茄子摆上即可。

果实类 草莓

最适合生长的盆器建议尺寸／60厘米×22厘米×17厘米的长方盆

前年冬天我做了好多草莓蛋糕，雪白的鲜奶油上头，铺满了鲜红草莓以及花园里摘下的薄荷叶，还撒上细细的糖粉。那一年，好像经常在厨房里做着草莓蛋糕，直到季节结束，我还给这款蛋糕取了个诗意的名字——踏雪寻莓。

兴趣总是一阵一阵的，记不得从何时起，不再热衷制作糕点，厨柜里好多的模具和工具，就一直搁在那儿，偶尔心血来潮做了香蕉蛋糕，顶多也只用最普通的长方形烤模，那些花俏的模型反而觉得麻烦，因为得费心清洗。

昨天在超市看到小巧可爱的草莓，蛋糕记忆又浮上心头，买了一大盒，心想无论如何，明天一定要做蛋糕！隔天起了个大早，天还暗着，隐约的滴答声，告诉我今天是个雨天。我在厨房依着笔记本准备蛋糕材料，由于事隔许久，有些生疏，每项材料都要小心确认再三，唯恐一个闪失，坏了蛋糕的模样。

等待蛋糕冷却的空当，天已经亮了！外头起了浓雾，我在雨雾中采摘茂密的薄荷叶，点心记忆就在熟悉的香味中弥漫开来。等待家人在周末早晨中醒来，佐以香浓的红茶，冬天的草莓蛋糕……我的幸福甜点。

小知识

科　　别：蔷薇科、多年生
可食用的部分：果实
我的种植月份：春秋两季购买盆栽或小苗
其他名称：无

小提示

- 虽然是多年生植物，不过隔年的老株结果量较差，所以每年秋天要用新长出来的小苗重新栽种。
- 结果期间如果长时间下雨，会导致果实腐烂，栽种在花盆时可将其移到不会淋雨处。

成长日志

1 吊盆每盆栽种1株，若为长条形的60厘米花盆，则可以栽种3株。

2 冬天时如果气候温暖就会开始开花。

3 每朵花只开一天，隔天花瓣就会开始凋谢。

4 两三天后就能看出果实的形状。

5 鸟儿会来偷吃果实，所以在草莓还绿绿的时候就要用纸包起来。

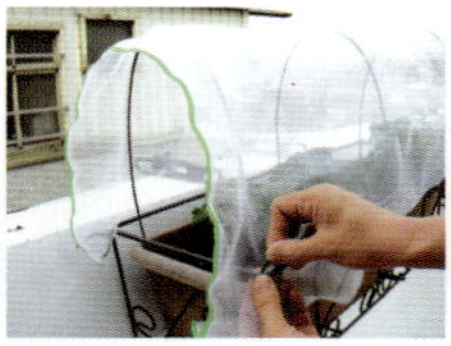

6 长条形的花盆可以用铁丝加上网子整个罩住。

7 将纸裁成10厘米大小，把草莓包起来。

8 用订书机钉住。

9 用纸包好就不必担心鸟和蜗牛来偷吃了。

10 还可以从底下的空隙检查草莓变红了没。

11 初夏的草莓成熟得很快，只要两三天就会变红。

12 采收喽！

栽培Q&A

Q 有什么方法可以防止鸟来偷吃草莓？

A 香甜的草莓不只我们喜欢，也是鸟类的最爱，建议你用纸把草莓一颗颗包起来，也可以用纱网将栽培箱罩住，或者拿尼龙线绑上几片光碟片，一样有吓阻作用！

果实类

青椒

最适合生长的盆器建议尺寸/
直径37cm、高23cm的圆盆栽种1株

小知识

科　　　别：茄科、一年生
可食用的部分：果实
我的种植月份：3~11月（3~6月购买幼苗）
其 他 名 称：甜椒、大同仔

7月暑气逼人，太阳每天炙烤着大地，盆栽蔬菜此时对水分的需求很大，早晚都要给水一次。即使如此，不耐高温的椒类，还是过得很辛苦，产量少而且果实变形又变小。

趁阳光逐渐收敛的傍晚，赶紧为青椒们补充水分，顺便收成了几颗畸形的小青椒和两条弯曲的小黄瓜，只是不知该用哪一种方法料理，才能成为餐桌上一道正式的菜肴。

虽然是几个小青椒，但对我来说也是大地的礼物。我先把青椒去了籽，和小黄瓜一起泡在冰水里，再加点从市场买回来的小番茄，切几颗腌橄榄，淋上橄榄油和一点盐，原本看起来稀少的食材，分量一下变多了；正好用来当晚餐的开胃菜。

这几样食材，堪称是夏季里最完美的组合，泡过冰水的青椒，吃起来清脆爽口，搭配烤面包来吃，甚至连晚饭也可以省略了！

小提示

- 和栽培茄子一样，第一朵花底下的两枝侧芽和主枝要保留，其余皆要摘除。
- 最早的几颗果实要提早采收，之后的果实才能结得好。
- 和茄子一样可以收获到秋天，所以必须要有肥沃且排水良好的土壤，但不可过于干燥。
- 枝干脆弱且根系浅，容易被风吹倒，所以定植时就要立上支柱。

成长日志

1 从种子开始播种，一个月后才长出4片叶子。

2 长得好慢哦，两个月后终于可以定植了。

3 定植一个月后开出第一朵花。

4 臭虫（椿象）群聚于枝干间吸取养分，要用镊子捕捉。

5 叶背发现臭虫的卵时，应将叶子剪掉。

6 漫长的雨季间，虽然有开花，但果实都被雨打掉，直到6月中旬终于开始结果了。

7 青椒的果实看起来比彩色甜椒长得多。

8 花谢后大约18天，果实已长到适当大小就可以采收喽。（茄科的果实一定要等到成熟，不可以提早采收，不然生吃时喉咙会怪怪的哦！）

9 7月天气炎热、虫害严重，遭受虫害的果实还未长大就掉下来。

栽培Q&A

Q 使用泥炭土来培养蔬果，有什么应注意的事项呢？

A 泥炭土使用一段时间之后，会再分解成黑色的壤土，体积会剩下不到一半，因此还要再加上新的壤土，或自制含有泥土的堆肥，或是牛粪堆肥。若栽种瓜果类的蔬菜，要再加一些含磷较多的有机肥促进开花，如此收获才会多。

起司青椒

HOW TO DO IT

● 材料

起司丝、青椒

● 做法

1 青椒洗净切大块。

2 铺上起司丝，放入小烤箱烤10分钟至表面呈金黄。

※一般起司多已带有咸味，不需另外加盐，若口味较重则可酌情添加调味料。

※不同品牌的烤箱热度也有差异，只要烤到起司融化即可取出，以免烤得过干、口感也不好。

果实类

小黄瓜

最适合生长的盆器建议尺寸/
70厘米×42厘米×25厘米的盆器栽培2株

小知识

科　　　别：瓜科
可食用的部分：果实
我的种植月份：4~7月播种或购买幼苗（温暖地区全年可种）
其 他 名 称：花胡瓜、瓜仔妮

经过一夜强烈台风的肆虐，花园的树有3株倾斜了45度，小黄瓜损伤惨重，支架全倒，原本盛开的紫薇剩下光秃秃的枝子，园子几乎全毁。每年总是如此，不是毁于台风便是豪雨，破坏、重建、摧毁、重建，如此周而复始。到底花园存在的意义为何？整日辛勤于园艺工作，换来短暂的满足，仔细想想，繁花盛开的时光其实并不长。

如果非要给花园一个存在的理由，应该是一个让人心甘情愿劳动的地方。不要计较时间和成本，花园其实是一种自我的实现。

每天我的脑海里总有千百个念头升起，有数不尽的下一件事等着我，还有各式各样的信息，千方百计透过各种管道无孔不入，也许就是因为这样使我们静不下来。这就是我喜欢园艺的原因，只要拿起铲子或花剪，所有的干扰立即消失无踪，只有植物与我，什么都不必思考，我可以一整天都待在花园里，享受专注一件事情的快乐。

小提示

- 阳台栽培时可直接攀附在铁窗上，或利用绳索牵引。
- 用来做支架的竹子不要太光滑，卷须才能缠得牢。
- 生育期间对水和肥料的需求很大，结果期若缺水，果实会变形。
- 植株超过1米时可摘去顶端的新芽，促进分枝。
- 不要延迟采收，让瓜长得太大，植株容易衰弱，会影响日后的结果。

成长日志

1 3月份瓜苗陆续上市，但山上气温仍低，所以等到4月才购买幼苗。

2 在预定栽种的地点铺上麻袋，可抵挡梅雨季的豪雨喷溅起的泥土，夏天时可保持土表的水分，又能防止杂草滋生。

3 用剪刀将麻袋剪出一个十字形的缺口。

4 将瓜苗种入并立好支柱。

5 带有小瓜者为雌瓜，如授粉不良就无法长大，可以采用人工授粉。

6 雄瓜只有花梗没有小瓜。

7 花谢后3天可清楚看到日渐长大的瓜。

8 天气炎热时，才5天即有15厘米，此时就要采收。

9 藏在叶子下一直没发现的小黄瓜和长成30厘米的巨无霸。

栽培Q&A

Q 小黄瓜栽种时能不用棚架吗？以盆栽种植可以吗？

A 小黄瓜虽然可以不用棚架，但支架还是必要的，因为小黄瓜是像蔓藤般生长，茎柔软易折伤，而且长出的瓜若碰到地面容易腐烂，或是长得歪七扭八。栽种在花盆时，要使用直径30厘米以上的大盆，用3根1米以上的竹子，分别插入盆子的3个角落，然后在上方绑好固定，如果阳台的一边有栅栏可以攀爬的话，就可以不必用支架。

凉拌小黄瓜

How to do it

- 材料

  小黄瓜、蒜末、辣椒

- 调味料

  盐、寿司醋

- 做法

  1 小黄瓜切成0.5厘米厚的薄片，加盐腌半小时。

  2 用手捏干水分，拌入蒜末、辣椒及寿司醋即可。

果实类

大黄瓜

最适合生长的盆器建议尺寸/
直径45厘米、高25厘米的圆盆栽培1株

小知识

科　　　别：瓜科
可食用的部分：果实
我的种植月份：4～7月播种或购买幼苗（温暖地区全年可种）
其 他 名 称：胡瓜、刺瓜

收成了第一条大黄瓜，沉甸甸地握在手里，想着该如何料理。煮汤？似乎太过平常！用来做黄瓜镶肉，又过于费周折，尤其是在火热的夏天，能离炉火越远越好，最好是将食物洗洗切切之后便能下肚。

以前没想过种大黄瓜，觉得像这种能去皮的蔬菜，直接到市场买就行了，又以为体型大的大黄瓜，藤蔓也一定又大又占空间。直到有一年在巷子里，看见一个利用旧浴缸栽种的大黄瓜，结了十来条，植株比小黄瓜大不了多少，才发现并不如想象中占空间，看起来也挺容易栽培。

朋友阿国喜欢把大小黄瓜栽种在同一个棚架上，采收时往往得费点脑筋，先搞清楚是长得太大的小黄瓜？还是幼小的大黄瓜？

为了节省空间，我也将它们种在一起，不过要分辨可难不倒我。大黄瓜的幼瓜粗壮多了，刺疣也很明显；成熟的大黄瓜尾端有条状花纹清楚可见，而小黄瓜的外皮则细致多了。

小提示

- 果实硕大的大黄瓜，需要充足的水分，盆栽时由于土壤有限，很容易干燥，所以要在土壤表面铺上一层保水透气的材料，例如栽培兰花用的水苔，或是利用塑料瓶点滴给水。
- 一个茎节只保留一条小瓜，多的要摘掉，第一条黄瓜则要提早采收。当第一批果实采收后，要记得添加追肥。
- 经常检查叶子，一旦发现白粉病的叶子就要立即剪除，以利通风。
- 只栽培一株时，要为其做人工授粉，增加结果率。

成长日志

1 购买市售小苗。

2 气温25℃以上时生长快速，两星期后卷须已开始攀爬。

3 喜欢吃黄瓜叶子的橘色瓜叶虫，不过危害不大，所以不必担心。

4 大黄瓜的花瓣和小黄瓜的花比较起来，边缘较尖。

5 花谢1天后的小瓜模样。

6 5天后瓜体长得好粗壮，和细长的小黄瓜截然不同。

7 同时有两条小瓜时，须摘除1条，摘下来的小瓜一样可以食用。

8 花谢后第10天就可以采收了，第1条瓜应趁早采收，以免影响日后的收成。

栽培Q&A

Q 超市卖的腌渍酸黄瓜，是以小黄瓜还是大黄瓜制成的？

A 都不是！西式的腌渍酸黄瓜所使用的瓜，虽然也是黄瓜的一种，不过和我们平常所吃的小黄瓜、大黄瓜是不同的品种。在国外超市很常见，体型短胖，口感和味道也很特别，国内则多以罐装的腌渍品为主，新鲜的反而很少见。

大黄瓜酸奶沙拉

HOW TO DO IT

● 材料

大黄瓜、薄荷叶

● 调味料

酸奶

● 做法

1 大黄瓜去皮去籽切成薄片，用盐腌半小时后沥干水分。

2 加入酸奶及碎薄荷叶拌匀。

果实类

矮性四季豆

最适合生长的盆器建议尺寸/
60厘米×22厘米×17厘米的长方盆栽种3~4株

小知识

科　　　别：豆科、一年生
可食用的部分：果实
我的种植月份：4~5月播种
其 他 名 称：敏豆

开始学种菜的时候，对种子常常有许多疑问，到底要不要覆土，哪些是必须先泡水的呢。蔬菜种类这么多，总不能一个个背吧！初到山城的第一年种了四季豆，直接撒在盆子里，隔天竟然全不见了，不死心又播一次，才发现原来是斑鸠吃了我的种子。虽然刚开始并不顺利，但和其他果实类比起来，四季豆生长快速，是最容易栽培的。

好多年不种四季豆了，孩子小的时候煮什么他们就吃什么，随着成长，对于食物开始有自己的主见，不喜欢带有豆荚的蔬菜。

偶尔想起母亲的时候，就会想起她常做的菜，那味道仿佛会穿越时空来到眼前。小时候，母亲常用四季豆切碎和上面粉，在锅里煎得焦香，长大以后再没吃过类似的料理，倒是在中坜一家面食馆吃过一道甜煎饼，和我母亲的手艺如出一辙。即使用的材料都相同，而我就是做不出那种味道，追根究底问题出在使用不粘锅，煎不出面粉的香气。为此，我的厨房又多了一种锅具，手艺平平，设备倒是不少。我毕竟没有母亲的能耐，一只锅子一把刀子，便能料理出所有美味。

小提示

- 四季豆品种分为蔓性与矮性，蔓性四季豆的口感较嫩，但须立竹竿以供攀爬。
- 矮性四季豆的高度大约为30厘米，适合家庭盆栽栽培，直径15厘米的花盆，以栽种1株为限。
- 不要等到里面的种子鼓起来才采收，那样四季豆虽然看起来很大，可是豆荚会太老。
- 蔓性四季豆的口感虽较细嫩，但需要攀爬的空间，因此以盆栽种植时最好选择矮性，不仅栽培容易而且结果量更多。

成长日志

1 种子泡一夜水后，芽点向下，不要让种子晒到太阳。

2 须覆盖一层薄薄的土，大约1厘米即可。

3 4天之后，种子撑开泥土露出来，此时要防范鸟儿偷吃。

4 根系浅，很容易被风吹倒，所以定植后须立支柱，植株不会长得很高，顶多30厘米，故用免洗筷来支撑也可以。

5 四季豆的白色小花，藏在叶间不容易发现。

6 花谢后5天，已有2厘米的豆荚。

7 10～12厘米就可以采收。

8 蔓性四季豆开粉红色花。

栽培Q&A

Q 想利用暑假和小朋友一起栽培蔬果，是否有生长迅速、又容易栽培的果实类蔬菜？

A 小朋友第一次栽培蔬菜，豆类是最适合的。因为种子大，容易观察，且生长又快，尤其是矮性四季豆不须攀爬，用花盆就可以栽培，结果情形也很好。除了蚜虫之外几乎没有虫害！

四季豆沙拉

HOW TO DO IT

● 材料

四季豆

● 调味料

橄榄油3大匙、柠檬汁1大匙、盐1/4小匙、洋葱末

● 做法

1 四季豆放入滚水中烫熟，捞出后冷却备用。

2 将调味料拌匀，即为洋葱沙拉酱汁，淋在四季豆上。

果实类

矮性菜豆

最适合生长的盆器建议尺寸：
60厘米×22厘米×17厘米的长方盆可栽种3株

小知识

科　　　别：豆科、一年生
可食用的部分：果实
我的种植月份：4~10月
其 他 名 称：豇豆

第一声白头翁的叫声从窗外响起，山谷立刻传来回应，一时之间，鸟儿全醒了，叽叽喳喳，连蝉也叫得响亮！瞄了一眼闹钟，才凌晨四点，不会吧！勉强又躺了半小时，毫无睡意，只得起身。

四点半，东方透出微光，天空干净得连一丝云彩也没有，除了月亮还在天空徘徊。太阳即将升起，看样子又是个艳阳天，空气中甚至还残留着昨日阳光炙烤过的味道。

开始例行性地浇水、整理花园，等园艺工作结束后，阳光已有些刺眼。由于空间有限，我的蔬菜大多待在花盆里，以植株矮小、不用棚架的种类为主。矮菜豆高度有35厘米，所结的豆荚几乎垂到地上，第一次尝试，没想到会如此丰收，连自己都觉得讶异。

美丽的紫花虽然只开一天，但盛开时就像一群紫色的小蝴蝶，在枝上飞舞。花谢后豆荚会迅速生长，一星期就能食用，因此，每天早上我会仔细搜寻成熟的菜豆和其他蔬果。尤其是豆类的生长极为快速，往往早上看起来还不适合摘取，到了傍晚却已长到必须立即采收才行，否则到了隔天，又嫌太老了！

小提示

- 果实生长速度很快，往往早上看起来还不能采收，到了傍晚却变大了，所以早晚都要巡视一遍。
- 第一批豆荚采收得差不多时，要进行第二次追肥，此时易生蚜虫，要格外注意。
- 菜豆喜欢高温，果实生长迅速，对肥料的需求也较大，因此不必等到果实全采完才施肥，以免因养分不够而影响下一次收成。
- 豆荚表面有小孔表示已遭虫蛀，要立即摘除，去掉遭虫害的部分再料理。

成长日志

1 播种3天后种子撑开土壤。

2 先用小花盆育苗，存活率较高。

3 两星期后张开了两片新叶子，和刚发芽时的子叶完全不同。

4 淡紫色的蝶形小花虽然只盛开一天，但是美极了。

5 花谢后两天，可看见2厘米的细小豆荚。

6 6～7天菜豆就有30厘米长，趁鲜嫩采收。

7 从豆荚的生长处用手扭一圈就可以采下。

8 用木桶栽种的菜豆结了32条果实。

9 果实采收得差不多时就要再施加追肥，才能再次开花。

栽培Q&A

Q 种子发芽的环境，似乎多是需要温暖潮湿不见光，请问是否所有的种子习性皆然？

A 其实种子是要见光居多，像菊科、十字花科等，大型的豆类种子发芽速度比较慢，可以事先泡水。覆上薄薄的一层土，是为了维持种子表面的湿润，如果有遮光和湿度足够的环境，就不一定要覆土。

油焖菜豆

HOW TO DO IT

- 材料

菜豆、姜片

- 调味料

沙拉油、酱油、盐

- 做法

1 菜豆洗净切小段。

2 姜片用沙拉油先爆香，再加入菜豆焖煮至软。

3 加入酱油烧出香味后，适量加盐调出咸味。

根茎类

蘘荷

最适合生长的盆器建议尺寸 / 直径37厘米、高60厘米的圆盆

梅雨季节来临，温度逐日上升，蘘荷的新芽又从土堆里冒了出来，经过一个冬天的荒芜，我几乎忘了它的存在。

去年向坂根太太要来的几个新芽，没过一个夏天就塞满花盆，由于太拥挤的时候花苞会结得少，所以趁新芽还小便赶快来分盆。没想到蘘荷又粗又壮的根纠缠在一起，一时之间还真不知如何下手，因为不管是用手掰开，还是拿剪刀剪成两半，对已经发芽的蘘荷都是一种伤害。其实我应该在它冬天休眠的时候进行才对，想了又想，决定还是先换个大盆好了，分株的事就等到了冬天再来做。

蘘荷是一种很有趣的植物，它的花竟然是从土里窜出来的！而且速度很快，所以栽种的人也得很有效率才行，每天都要巡视，不可以偷懒。采收方式则和竹笋一般，得在土壤上覆盖一层5厘米的腐叶土，一见到尖尖的花芽，就要留意，如果等到开花后采收风味就会变差。由于不耐储存，采收后要趁早料理，也因此蘘荷在市面上很少见，想一尝这特殊的香味，一定要亲自栽种。

小知识

科　　　别：蘘荷科、多年生草本
可食用的部分：花苞
我的种植月份：3～10月（寒冷的季节会休眠）
其 他 名 称：茗荷、山姜

小提示

- 喜欢半日阴的栽培环境，潮湿的阴影处生长最好，故可种在树下或者角落。
- 需要湿润松软的土壤，酸性土也不要紧，在开花前根部要用一些泥炭土覆盖，一见到花苞露出地面就要采收。
- 属于夏季的蔬菜，寒冬时会休眠枯萎，待气候回暖才会再长出来。

成长日志

1 春天时会长出许多新芽，可于此时分株。

2 将蘘荷从盆子里倒出来，再用剪刀剪开，新芽须带根才能存活。

3 移植到新盆内充分给水，避免强光，大约一星期新叶长出即可日照。

4 植株至少有60厘米，为避免倒伏，必须使用深一点的花盆并给予覆土。

5 一个月后，须给予追肥并覆盖根部。

6 因为从土里冒出来的花芽仍瘦小，所以要用土壤覆盖使其肥大。

7 一星期后，趁开花前挖开土壤。

8 用手从基部将花苞拔起，趁新鲜赶快料理。

栽培Q&A

Q 前几天在菜圃施了追肥，是颗粒状的，为何施在土上却发霉了？这是正常现象吗？

A 白色的霉是微生物在分解肥料，只要不发出恶臭就没有关系。一般而言，有机肥多少都会有此现象，所以不必担心。使用有机肥能改良土壤，又能使作物生长良好，是很好的肥料。

根茎类

芋头

最适合生长的盆器建议尺寸/
直径45厘米、高25厘米的圆盆

小知识

科　　　别：天南星科、多年生
可食用的部分：地下茎
我的种植月份：全年
其 他 名 称：无

很多时候花盆里的蔬菜，并不是我刻意栽种的。

因为习惯把果皮菜叶拿来堆肥，所以常会有些意外的小苗，自土壤里冒出头来。初夏蝉声叫得正起劲，芋头的叶子像把伞，收集火热的阳光，不断地自土里冒出新芽，没多久就塞满花盆。由于空间受限，花盆里的芋头叶，长得小巧可爱，和田里壮硕的同类，简直不成比例！先不管是否能采收到芋头，种来当盆栽欣赏也挺不错的。

很少有食材能像芋头这样，用途广泛，既是主食也是点心。从小我就很喜欢芋头的料理，不管煎煮炒炸，咸的甜的，都非得吃上一口才甘心，也许是因为它松软绵密的口感，以及特殊的香味！小时候我母亲经常做一道芋头米粉，只知道材料是煸得香香的五花肉、香菇及虾米，还有些许的葱段、芋头。等那米粉吸足了所有材料的香气和鲜甜，每次总要连吃好几碗！长大后虽然自己也曾试着做做看，可是就是做不出那记忆中的味道，家人也不捧场，试过几次之后便意兴阑珊了。原来，有些记忆是无法复制的，只能放在心里，偶尔想想。

小提示

●盆栽种植时选用小型的里芋来做种芋，春天种下后6～9个月可收获。

●喜欢高温多湿的环境，保持土表湿润，即使略有积水也不要紧。

●冬天时可收获较大的地下茎，太小的子芋可以留下来继续生长。

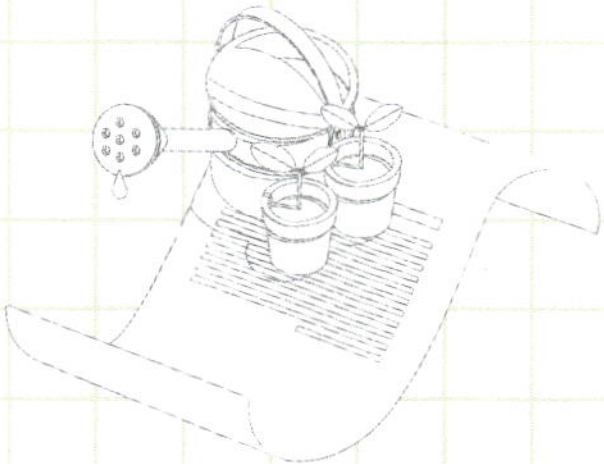

成长日志

1 堆肥里，削下来的芋头顶端竟然发芽了。

2 从茎部陆续冒出了许多小芽，可以用来移植。

3 不知是什么虫，一夜间啃光了叶子。

4 幸好隔了一阵子又长出新叶。

5 根部裸露时要给予覆土。

6 虽然用花盆栽种不一定能栽培出肥大的芋头，但每个月还是要施些含钾肥的牛粪堆肥，帮助茎部生长。

7 秋天来了，不知底下是否有芋头。

8 比鸡蛋还小的小芋头。

栽培Q&A

Q 是不是所有的根茎类，都可以使用花盆来栽培呢?

A 通常根茎类的蔬菜，生长的时间较久，所以需要比较大的盆器来栽种才能长得好。像芋头、马铃薯、姜等，此类以收获地下茎为主的作物，盆子至少要有直径45厘米、高度30厘米左右，不见得需要很深的盆器，最重要的是宽度要够，根系才能扩展，收获也会较多。

冰糖芋头

HOW TO DO IT

- 材料

芋头

- 调味料

冰糖

- 做法

1 芋头去皮切大块，加入约芋头1/2量的冰糖。

2 加水至淹过芋头即可，先以大火煮滚再转小火焖煮。

3 大约煮一小时，让水分慢慢收干至原来的一半，关火后放凉，让芋头继续浸泡在糖汁里，放冰箱冷藏。

MY
GARDEN

·B· 懒人级

只要浇水就能有收成的芽菜

fresh

greens

芽菜类 豌豆苗

小知识

科　　别：豆科
可食用的部分：幼苗、嫩芽
我的种植月份：全年
其 他 名 称：豌豆缨

清晨，在黑夜与黎明的交界处，有一闪而过的星光，该不会是萤火虫吧！正想看个究竟，怎料天色一下就亮了，留下一个清晨的惊喜。

过了一夜，豌豆苗就能长高许多，所以才会有杰克与魔豆的故事。为此，还是小学生的我，曾经种下生平的第一颗魔豆，虽然是种在奶粉铁罐里，不过很幸运地开了花，并结了几个小豆荚。我来到山城后也曾在秋天播种过豌豆，但细嫩柔软的茎叶，禁不起山上强劲的东北季风，新芽不是折断就是被风吹到干瘪。接下来的冬天又湿又冷，太阳又少得可怜，没多久全得了白粉病，只好铲除。由此可知，当环境不适合的时候，任何魔法也不管用！

既然种不成豌豆，就改成种豌豆苗，生长快速的豆苗，正好可以弥补夏季蔬菜的不足。尤其在炎热的天气里，生菜沙拉会特别受欢迎，想吃的时候随手剪一点泡在冰水里。现采的蔬菜吃起来，就是多了一种幸福的感觉。

小提示

- 一年四季都可以栽培的清洁蔬菜，但温度低于15℃时生长会停顿。
- 要使用清洁无菌的培养土，采收三次以后，用过的培养土会开始滋生很多微生物，此时就要换新土重新播种。
- 使用过的土壤因含有豆仁，可拿来堆肥，或将豆仁及根清除干净后，栽培其他蔬菜。

成长日志

1 挑除不良的种子，泡水一夜后将水倒掉并催芽。

2 容器内放入3厘米左右的清洁培养土。

3 也可以使用碎的麦饭石，优点是只要把残株清除干净，将麦饭石洗一洗晒晒太阳，就可以一直重复使用。

4 将豌豆平铺不要重叠，放在阴暗处或盖起来，并每日浇水一次，保持培养土湿润，大约一杯即可。

5 第3天根向下延伸到土里。

6 长出叶子后就要移至明亮处。

7 大约7厘米就可以采收。长得太高豆苗会太老，用剪刀剪到底，不要留下一截。

8 过两天新芽会从两侧冒出来。

9 每隔两天可以采收一次，大约4次之后便会越长越细，此时就要再重新播种。

栽培Q&A

Q 豌豆苗若采用水耕方式，会不会比较没营养呢？

A 豌豆苗的生长，主要靠种子里储存的养分，所以水耕方式是可行的。而使用培养土或碎麦饭石除了可以稳固植株，还可延长收获期，所以能采收多次。但是培养土蓄积的养分也有限，加上豌豆苗是以生食为主，用过一阵子的土里难免会掺有腐烂的豌豆，也会开始滋生很多微生物，所以建议换新土再重新栽种。用过的土，倒进花盆里堆肥，等里头的豆仁都腐化了，还是可以用来种蔬菜，并不会浪费土壤。

豌豆苗手卷

HOW TO DO IT

- 材料

豌豆苗、山药蛋饼皮、苹果片、熟地瓜、葡萄干、豆酥

- 调味料

沙拉酱

- 做法

1 山药蛋饼皮先加热一下后放凉，再放上所有材料。

2 挤上沙拉酱，卷起切成两份。

芽菜类 向日葵芽

最适合生长的盆器建议尺寸／直径30厘米、高9厘米的圆钵

日正当中，远处蝉声、风声，忽远忽近，贝壳风铃的声音在房子的四周回荡。如此悠闲的午后，最宜小憩片刻，静静聆听蝉声，为即将来临的夏天感动莫名。

夏天虽然没有令人神经紧绷的大小节日，却有漫长的暑假，考验做妈妈的耐心以及体力。孩子小学的时候，每当假期一过，我整个人就像泄了气的皮球，松弛又干瘪。没想到小学毕业后的暑假，每天他们都有自己的活动，根本没人要理我！暑假突然变得好悠闲，仅剩下料理三餐的重责大任。

不用张罗孩子上学的早晨，可以慢慢地吃早餐，因此闲来无事时，也在窗边栽种各种芽菜。这些用培养土栽种的清洁蔬菜，成了我每天早上的粮食，只要加一点沙拉酱，撒一点什锦麦片，或者用来夹面包，既美味又健康。以前我不知道向日葵芽这么好吃，厚厚的子叶，吃起来还有一股淡淡的坚果香味，只要吃过一次就会爱上它！

小知识

科　　　别：菊科
可食用的部分：幼苗、种子
我的种植月份：4～10月
其 他 名 称：葵花芽

小提示

- 发芽前要遮阳不要晒到太阳，如此发芽才会整齐。
- 每颗种子只能收一次，等全部都采收完毕，就要重新播种。
- 也可以使用碎麦饭石的无土栽培法，方法和豌豆苗一样。

成长日志

1 挑除不良种子泡水一夜，将种子平铺于3厘米的培养土上。

2 第3天会开始发芽，此时要移到窗户边。

3 第5天种子开始向上生长。

4 第6天当两片子叶伸展开来，就可以剪下来食用。

栽培Q&A

Q 向日葵芽和观赏用的向日葵花，是同一种种子吗？

A 观赏用向日葵花的种子，是以园艺观花为主的品种，种子很昂贵，一般不会用来栽培芽菜以作为食材。所以若以食用为目的，要购买专用种子，这种种子通常是在专卖店以大包装出售的。

向日葵芽坚果沙拉

HOW TO DO IT

- 材料

向日葵芽、什锦果麦、葡萄干

- 调味料

沙拉酱

- 做法

1 向日葵芽洗净沥干。
2 挤上沙拉酱，撒上什锦果麦及葡萄干即可。

芽菜类

绿豆芽

最适合生长的盆器 / 不透光的容器即可

每隔一阵子，会突然想要去杂志里介绍的餐厅吃喝一顿，但是吃完后，又会觉得并没有想象中的美味！外食的理由纯粹只是懒得煮，或者，只是为了印证还是自己煮的最好吃。

餐厅里的食物总是加了大量调味料和味精，企图混淆食客的味蕾。但我可不迷糊，每次吃到味精便头昏脑胀、口干舌燥，即使再怎么小心，我们很难逃过加工食品的天罗地网。许多食材不是被过度加工，就是用非自然的方式栽培，连最普通的绿豆芽，都有不为人知的秘密，虽然外表看起来巨大壮硕，其实所含的营养却很少。

很难找到一家餐厅能和我的家庭餐厅媲美。并不是我的厨艺特别好，最大的差别在于新鲜食材，现采的无农药蔬菜，是最顶级的材料！加上满满爱心做出来的料理，妈妈才是真正的大厨。

小知识

科　　　别：豆科
可食用的部分：幼苗、嫩芽
我的种植月份：5～11月
其 他 名 称：豆芽菜、银芽

小提示

- 喜欢夏天高温，但发芽期间1天至少要浇水3次以上，以免腐烂。如浇水次数不够，或是接触到光线，豆芽味道会变苦。
- 浇水时水量要够，最好能注满瓶子，尤其是在夏天时，虽然说是浇水，其实是冲洗豆子表面，以免产生异味。
- 同样的方法可用来栽培所有豆类，如黄豆、黑豆、苜蓿。

成长日志

1 准备约为容器1/6量的绿豆。

2 将不良的种子剔除，如有虫蛀或破损者。

3 泡水一夜后将水倒掉，置于阴暗处（或纸箱里），用纱布将瓶口罩住，再用橡皮筋固定。

4 第3天的模样，大约第5天就可以食用。

5 栽培期间不可以接触到光线，否则叶子会变绿，吃起来会苦，不适合食用了。

栽培Q&A

Q 请问种绿豆芽是否都要盖上纱布，绝不可有光线照射？

A 冬天种绿豆，生长速度会比较慢，不可有光照射是怕会变绿、变苦，纱布则是为了保持表面湿润，如果浇水次数够，或使用有盖的栽培箱就不需要。只要浇水、浇水，豆芽就会长大啦！

凉拌绿豆芽

How to do it

- 材料

绿豆芽

- 调味料

香油、海鲜酱油、香椿素燥酱

- 做法

1 绿豆芽快速氽烫、捞起沥干。
2 拌入调味料即可盛盘。

芽菜类

小知识

科　　别：旋花科
可食用的部分：嫩芽、叶片
我的种植月份：5～11月
其他名称：蕹菜芽

我常会半开玩笑地说："食物照顾我的肉体，植物照顾我的灵魂！"

但栽培蔬菜，可以同时照顾肉体与灵魂，何乐而不为呢！有许多研究显示，植物的能量会透过指尖传导，那是一种正面与喜悦的能量，而且花费只有一点点。也许有人会觉得，花两个月的时间来种菜过于漫长，不符合经济效益。因为这个物质的世界，让我们习惯用金钱来衡量一切，虽然我并不鼓励样样事情都得亲自动手，但唯独栽培植物这件事，亲身体验绝对会有意想不到的收获。

栽培植物并没有想象中困难，有些甚至不必大费周章地张罗材料。夏天里我经常栽培的芽菜类，只要用现成的容器、固定浇水，加上一点点窗边的光线，7～15天就可以采收，连成长所需的时间都很精简。一小盆一小盆摆在窗边，像是一片小森林，我喜欢栽培可以食用的植物，既可欣赏又能食用。

小提示

- 料理前记得要把硬壳和根去除，这样吃起来口感较好。
- 菜苗长到3厘米时，可放在窗边接受日照继续生长，营养价值会更高 。

成长日志

1 将不良的种子剔除，如有虫蛀或破碎者。

2 泡水4～6小时，浮在水面的种子为不良品，剔除不要。

3 第3天开始陆续发芽，每天都要泡进水里洗一洗，顺便剔除死掉的种子，以免产生腐败的气味（这点很重要）。

4 第5天奋力挣脱种皮，此时尚未给予日照。

5 第6天争先恐后地挤出瓶口。

6 将幼苗从瓶子取出，放在窗边接受日照。

7 在窗边就可以生长得很好，而且是很棒的装饰。

8 叶子变绿后更有营养，未食用前记得浇水，以免干枯。种子的皮很硬，食用前要洗掉。

栽培Q&A

Q 如果没有太阳直接照射，菜是不是一定种不好?

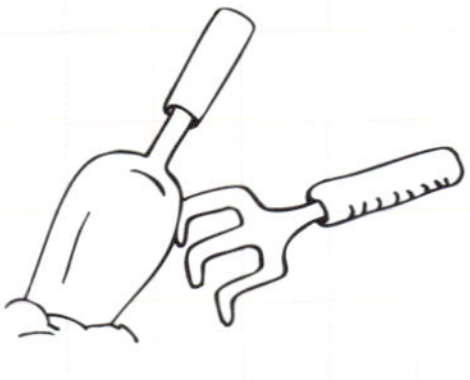

A 没有太阳直接照射的地方，最好选择栽培芽菜，像绿豆芽。苜蓿芽也完全不需要光线，但要种在冰箱里，因为外面气温高容易腐败，所以每次浇水的时候要拿出来，浇完水再放回去；每天3次，5～7天就可以采收了。其他的芽菜像豌豆苗、向日葵芽、空心菜芽等，只要采收前放在窗边，自然就会变绿。

空心菜芽拌油豆腐

HOW TO DO IT

● 材料

空心菜芽、油豆腐、蒜末

● 调味料

素蚝油

● 做法

1 将空心菜芽放入滚水中快速汆烫后，捞起沥干。
2 将油豆腐汆烫后压碎。
3 拌入蒜末及素蚝油。

C 进阶级

试着栽培
有点难度的蔬果

fresh

greens

叶菜类

空心菜

最适合生长的盆器建议尺寸 / 直径40厘米、高25厘米的圆盆

又有台风在海上形成，阵风吹得老旧门窗铿锵作响，台风来得突然，顾不得防台风准备，赶忙将户外的桌布收起来，只见对面山头已压在厚厚的黑云之下。等了好久好久，直到下午雨终于落下来了，雨一停歇，我便先冲出去把两盘刚发芽的蔬菜苗搬进来。

期待许久的雨，并不如想象中的丰沛，这个夏天，雨量稀少，只下过几次西北雨。即使早晚都努力替蔬果给水，花盆里的土壤还是经常因为干燥而收缩。水分不足的空心菜，生长缓慢，吃起来滋味也差，然而一次台风所带来的雨水，却让空心菜在几天之内迅速茁壮生长。

由于空心菜能长在水里，因此有些国家还不准进口空心菜，以免生命力强的空心菜，在湖泊里泛滥成灾。还好我仅有一个水钵，种上几株既可欣赏又能下锅，至于泛滥成灾倒是不可能的。

小知识

科　　别：旋花科、多年生草本
可食用的部分：叶片、嫩茎
我的种植月份：4～10月
其 他 名 称：蕹菜

小提示

- 需要充足的日照和水分，空心菜才能长得粗壮，所以下过大雨之后生长最为快速，很适合栽培在湿地或沼泽。若阳光不足，叶菜形状会变得细长，水分不足，吃起来则口感不好。
- 用栽培绿豆芽的方法，只要浇水大约一星期就可以采收。幼嫩的菜苗食用前，放在窗边绿化，营养价值更高。

成长日志

1 种子泡水4小时后，浮在水面的即为不良种子，须淘汰。

2 使用点播的方式，每穴播4～5粒种子。

3 放阴凉处，保持湿润，5～7天发芽。

4 看见绿色的子叶后，就要将盆栽移到日照充足的地方。

5 全部的叶子都张开了。

6 两星期后已长得很茂密，可给予液体追肥。

7 大约40天已有30厘米高，可以剪下来食用。

8 收割时保留1厘米的生长点会再次萌芽，此时要给予追肥促进生长。

9 秋天之后会开出像牵牛花般的白色小花。

栽培Q&A

Q 在家栽培的空心菜都长不大，叶子也黄黄的，是因为肥料不足？还是土壤有问题？

A 如果气温还太低就播种，或者日照不足、肥料水分缺乏，都会让空心菜长不大。由于这是一种非常需要充足水分和日照的蔬菜，所以假使是因为栽培环境的问题，那就只好提早采收，改种其他较适合的蔬菜。另一个可能是空心菜其实还在幼苗阶段，别着急，通常夏天的叶菜类，从播种到采收大约需两个月。

果实类

竹北绵茄

最适合生长的盆器建议尺寸/直径40厘米、高25厘米的圆盆

有一年邻居用保丽龙箱种了一株茄子，结了二十多条大大小小的果实。要不是亲眼所见，实在很难相信，这样一个小箱子怎么会有这样的产量？我种茄子手气一向不好，总是只长出零零星星的几条，该不是因为家中需求量不同的缘故吧！

初到客家人居多的杨梅市场买菜，常会发现一些以前在都市里不曾见过的食材，光是茄子就有好几种，南部的长茄、圆胖的日本茄，还有介于两者间的一种淡紫色或绿色的茄子，本地人称为绵茄，大多为自家栽种，产量少所以仅在当地出售。因此每周一次的采买，总会让我充满期待，不知又会发现什么新鲜货！有些菜贩还煮得一手地道家乡菜，多聊两句总是会有许多收获。

有记忆以来，搬家对我来说是家常便饭，同时也是一件快乐的事。我喜欢搬家，喜欢新的地方，不过现在回想起来，却发现自己没有故乡，当然也不会有所谓的家乡菜。虽然在这里只住了十年，也只会几句客家话，不过这里俨然已成了我的故乡。

小知识

科　　别：茄科、一年生
可食用的部分：果实
我的种植月份：3～10月（3～6月购买幼苗）
其他名称：落苏

小提示

- 果实类的蔬菜，每天至少要有六小时的日照，日照不足会导致生育差，不易结果。
- 花谢后15～20天可采收果实。
- 最适宜的生长温度是15～30℃，所以盛夏时生育状况会变差，此时可将枝条剪去1/3，待秋凉会再次结果。
- 茄科的植物最忌连续栽种，同一区域要采四年轮种一次。
- 竹北绵茄有绿色、白色和紫色，每种都种上一棵，菜园看起来更热闹。

成长日志

1 买回来的茄子幼苗要换大盆种植，并用1米左右的竹子固定。

2 定植后两个月便长大不少。

3 第一朵花开了。

4 由第一朵花往上算起，保留左右侧芽各一个，连中间的主干，一共是三枝，花底下的侧芽则全部摘除。

5 看！还会结出不同颜色的茄子，白白胖胖真可爱。

6 花谢后8天才3厘米长，幼小的果实还看不出颜色。

7 15天后果实已经有15厘米，可以采收了。

栽培Q&A

Q 种茄子的时候，需要为其做人工授粉吗？

A 通常需要人工授粉的蔬果，都是因为花朵有雌花和雄花之分，而且多半是瓜类。由于不是同一朵花，才需要使用人工方式授粉，以提高结果率。但茄子和青椒等茄科的植物，雄蕊和雌蕊都同在一朵花里面，因此并不需要这么做。

果实类

彩色甜椒

最适合生长的盆器建议尺寸 /
直径40厘米、高25厘米的圆盆栽种1株

小知识

科　　　别：茄科
可食用的部分：果实
我的种植月份：3～11月（3～6月购买幼苗）
其 他 名 称：甜椒

每年仅用花盆栽种的青椒，虽然矮小但总能果实累累。除了因夏季的高温，果实变形变小以外，从未有过虫害。

其实我并不是很喜欢吃青椒，只是因为夏天的蔬菜多半长得巨大，适合花盆栽种的种类不多，且耳闻青椒的栽培农药颇多，所以就象征性地种上一两棵。

冬天时买了红甜椒的幼苗，到了初夏开始结着肥胖饱满的果实，等了又等，就是不见它变红，有些竟然还烂掉！既不是虫害，也不是生病，原来是因为夏天的高温，甜椒根本不会变红，只好绿绿的便采来吃。

甜椒适宜在15～20℃的环境生长，这样果实才能转红。整个夏天我吃着绿色的红甜椒，然后仍不死心地期待它变红。一直到冬天来临，绿色果实才开始有了变化，表皮微微转黄，随着时间逐渐加深，鲜艳的黄色终于在蓝天下亮眼。

被种苗店骗了一整年，这时才终于发现，原来自己种的是黄甜椒！

小提示

- 由于收获期很长，所以可提早在春天时购买小苗。而彩椒的幼苗期生长非常缓慢，一般家庭栽培的数量不多，不建议自行播种。
- 气温超过25℃的夏天，果实难以变色，所以只要看颜色略有改变就可趁早采收。
- 酷夏时生长停顿是正常现象，此时应暂时停止施肥，但要注意勿让盆栽干燥缺水，等到秋凉之后又会开始生长。

成长日志

1 彩色甜椒的幼苗极为相似，不易辨认，混合栽培时可使用标示牌。

2 长方形的迷你菜园，花盆以栽种2株为限。

3 定植两个月后开出的第一朵花苞。

4 果实比较圆胖。

5 好不容易结出果实累累的彩色甜椒，舍不得采摘。

6 用手握住果实，轻轻往上一抬，就能顺利取下。

7 高度超过1米的彩色甜椒植株好像一株株小树。

8 植株太高了，可以将其剪掉一半，秋天来临时又会再次结果。

9 天气太热了，彩椒不会变色，于是采收了一篮子绿色的果实。

栽培Q&A

Q 常在甜椒即将开花时，受到数以万只的蚜虫兵团破坏，这时若不想使用农药，还有什么方式能杜绝这些讨人厌的虫儿?

A 植物不够强健时便容易有虫害，每次蚜虫一多，瓢虫就会来繁殖。我一向不管蚜虫，因为太小无法捕捉，所以最好给甜椒充足日照和均衡肥料，果实一成熟就采收，不要留在枝上消耗养分，因为结果时所消耗的养分，会让植物衰弱，虫害便会乘虚而入。如果蚜虫状况真的很严重，可以试试用牛奶喷在蚜虫身上，或用稍强的水柱冲走它们。

和风芝麻甜椒沙拉

HOW TO DO IT

- 材料

甜椒

- 调味料

芝麻沙拉酱、沙拉酱

- 做法

1 甜椒洗净切成条状。

2 芝麻沙拉酱和沙拉酱以1：1的量调均匀。

3 甜椒直接蘸酱食用。

果实 类

红樱桃番茄

最适合生长的盆器建议尺寸 /
60厘米×22厘米×17厘米的长方盆栽培3株

除了夏天的台风以外，山上经常会刮起10级以上的强风，和意大利的密斯特拉风一样，是园丁心中的痛。正要结果的红樱桃番茄，连花带果吹得一粒不剩，残留的幼苗在下一波又湿又冷的寒流中，有一半得了软腐病，看来这一次的栽种又失败了。

我或许是种错了季节，种子袋上的种植月份说明，通常仅供参考，由于居住区域的不同，还是要依照当地气候来调整。就像同样是冬季，但南北的气候差异很大，山上的冬天又湿又冷，其实并不适合栽种番茄。

现在我终于能明白，为什么夏娃无法抗拒红苹果的诱惑。红樱桃番茄鲜红圆润的果实，对我就是有一种吸引力。气候虽不能控制，但我可以改变种植的场所，幸好红樱桃番茄高度不会超过20厘米，可以放在玻璃屋里，生长得也不差，淡黄色的小花陆续开放，红色的果实仿佛已在眼前。

小知识

科　　　别：茄科、一年生
可食用的部分：果实
我的种植月份：春播2～4月、秋播9～11月
其 他 名 称：无

小提示

- 番茄是一种强健的蔬果，很少有虫害，主要以疾病为主。长时间下雨导致的软腐病，以及因通风不良引起的白粉病，是番茄生育不良和死亡的主要原因。
- 番茄一旦结果植株就会变得衰弱，所以肥料的补给更加重要，每周可使用液态肥料浇灌一次。
- 因为种子不易购买，所以当果实变红，里面所含的种子已经成熟，就可以用来播种，但不要在同一区域连续栽种。

成长日志

1 播种两星期后。

2 一个月后才长成这样。

3 栽种两个月后的模样。

4 果实成熟得很慢，有些已经开始变红，有些花苞才刚开。

5 果实累累的绿番茄可不能吃哦！一定要等到变红，不然会中毒。

6 圆滚滚的红樱桃番茄。

7 经常清除黄叶，保持通风和干燥，否则很容易感染白粉病。

8 开始转红，不过由于品种的关系，色泽并不是很红，但已可食用。

9 被白头翁偷吃而掉落的番茄，里面的种子都没了，剩下外皮。

{栽培Q&A}

Q 迷你番茄果实里的种子要怎么处理？要晒一晒吗？还是可以直接播种呢？

A 直接把果实剥开，然后把种子播在土里。如果要保存种子，那就要放在通风处阴干，不要直晒太阳；干燥后的种子，要收藏在有干燥剂的罐子里，或用密封袋装起来妥善保存，避免受潮。春秋两季都是适合播种的季节，最好不要保留太久，否则发芽率会较差。

果实类

黄金小番茄

最适合生长的盆器建议尺寸／
60厘米×22厘米×17厘米的长方盆栽培3株

有一年春天，开车经过台三线的时候，意外发现一家番茄园，里头真教人叹为观止！比人还高的番茄树，一大串的果实，红的、黄的、有花纹的，五颜六色形状各异。大伙先是一阵惊呼，兴奋地采着番茄，但温室的气温闷热难耐，十分钟之后，仅剩下我，以及一旁努力阻止我少采一点的爸爸！种类各色实在无法取舍，抱着每一种都想摘的心情，欲望与理性僵持着，最后只采了半篮，一小篮的番茄果然代价不菲。

美丽的番茄摆在陶盘里，光是欣赏便觉得满足。奇怪的是，吃起来总觉得少了什么。水耕的番茄口感细致，却少了番茄的真正味道——那种长在泥土里，经过阳光暴晒后特有的浓厚风味。

原来，科技进步或许一样能栽培出果实累累的番茄，所有的营养素，也可以合成之后添加在水里。但大地土壤里藏有的微量元素，以及阳光中所蕴含的能量，却是怎么也无法取代的。

小知识

科　　　别：茄科、一年生
可食用的部分：果实
我的种植月份：春播2～4月、秋播9～11月
其 他 名 称：无

小提示

- 植株高度30～40厘米，枝条较柔软，须立45厘米的细支柱，可在园艺店购买细竹，或让番茄倚着栏杆生长。
- 栽培的盆子直径大约15厘米即可，每盆1株。如使用长条形的花盆，每株则间隔15厘米，以利通风、避免病害。
- 若发现叶子表面有一层白色粉状，即为病叶，须立刻剪除。
- 结果之后植株会越来越衰弱，也可能会生病，故采收完毕后在根部添加富含有机质的土壤，会长出新芽并再次结果。

成长日志

1 播种时保持表土湿润，不必覆土，5～7天发芽。

2 幼苗时期的迷你番茄差异不大，很难分辨，最好插上辨识牌。

3 虽然高度才10厘米，但已有花苞了。

4 迷你番茄怕强风豪雨，栽种在窗台的反而长得好。

5 虽然开了很多花，但授粉情形不是很好，可能是温室没有风来帮助授粉，大约只有一半的花结果。

6 两星期后成熟的果实陆续转黄，可采收食用，也可保留一颗果实让其自然掉落再采收种子。

栽培Q&A

Q 请问如何判断果实已经成熟，可以取下种子？

A 如果是番茄，等它整颗红透，或是黄金番茄转变成黄色就代表成熟了。可让果实留在枝上，等整颗果实裂开到看见种子，或者等果实掉下来时也表示成熟，可取种子。

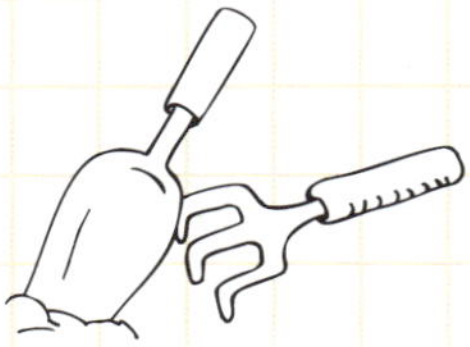

果实类

苦瓜

最适合生长的盆器建议尺寸 /
直径40厘米、高25厘米的圆盆栽种1株

小知识

科　　　别：葫芦科、一年生
可食用的部分：果实
我的种植月份：4～6月（温暖地区全年可种）
其 他 名 称：锦荔枝、蔓荔枝

苦瓜的黄色小花带有特殊香气，虽然只有少少几朵，但只要坐在花架下闭上眼睛，一股淡淡的香气便轻拂着我，静下来的时候，所有感官恢复知觉，即使细微如太阳炙烤过的大地的气味也能察觉。

连续好几年，我都在花盆里栽种苦瓜，为的只是花香和晨光下晶莹剔透的果实。老实说，苦瓜在餐桌上是乏人问津的，不管其含有的营养对人体有多大好处。

小时候看父母老爱买苦瓜，总觉得大人真是不可思议，尽吃些难吃的食物。也许人的味觉会随着年龄改变，这两年我开始对苦瓜产生前所未有的狂热，尤其是新品种的苹果苦瓜，细嫩又几乎没有苦味，用一点蒜片和甘味豆豉提香来炒苦瓜，完成后加一点酱油膏和葱花入味，吃不完冰起来，凉凉地吃更美味。

园子里的苦瓜才刚开花，至少还得再过三个星期，才能吃到自己栽培的苦瓜。据菜贩说，绝大多数的蔬菜，都是前一天下午采下来，隔天才上市的。如果一大早才采收，整理再运送，到了市场恐怕都下午了，所以自己栽培蔬菜还有个好处，保证都是现采的美味。

小提示

- 苦瓜的苗有嫁接和未嫁接两种，前者抗病性较强，收获期也长，所以价格较高，家庭栽培由于量少，不妨选择嫁接苗。
- 由于是生长期较长的作物，所以要预埋大量的堆肥在欲栽种的地点。
- 栽培在地上时会长得很茂盛，需要较大型的棚架；若在花盆栽培，则牵引至阳台栏杆即可。
- 开花时为其人工授粉，可以提高结果率，隔天花谢时要在早上给予套袋，以免被果蝇产卵。

成长日志

1 幼苗一株要20元，如果是嫁接过的更贵。

2 苦瓜的茎干纤细，所以要提早立支柱，供卷须缠绕。

3 两个月后已爬满了架子，即将开花，此时要给予追肥。

4 希望让苦瓜在棚架上成长，所以靠近根部的子蔓都予摘除。

5 努力向蓝色天空伸展的藤蔓。

6 盛夏来临，苦瓜开出的第一朵花是雄花。

7 发现雌花的时候，就用缎带做记号，套袋时比较容易找到。

8 第2天花谢后，就要立即套袋，一旦被果蝇叮咬产卵，果实还未长大就烂掉了。

9 用过的塑胶袋正好派上用场，在袋子的一角斜剪个能放进小瓜的洞，再用线或夹子固定，袋子才不会掉下来。

10 在袋子里日渐长大的苦瓜。

11 花谢后16～18天，果实就可以采收。

12 8月中结了更多苦瓜。

栽培Q&A

Q 为什么苦瓜还小小的就黄掉了？

A 苦瓜的花今天开，明天就得套袋。不然会被一种果蝇叮咬产卵，导致瓜还没长大就变黄、烂掉。除了套袋之外，也可以用挂费洛蒙的方式，吸引前来产卵的果蝇，费洛蒙在出售农药的店铺可以购得，虽然我不鼓励用药，但费洛蒙是用引诱的方式，将叮咬甜椒或苦瓜的小蜂，引进诱捕器毒杀。不过我认为套袋还是最简便有效的办法。

酱焖苦瓜

HOW TO DO IT

- 材料

苦瓜1条、黑豆豉、蒜片、葱末

- 调味料

酱油膏 、黑胡椒

- 做法

1 苦瓜去籽，切成0.5厘米厚的薄片。

2 蒜片入锅用油煎至金黄，再加黑豆豉炒香。

3 放入苦瓜及一碗水焖煮至软。

4 加入酱油膏、黑胡椒及葱末拌匀即可熄火。

果实类 山苦瓜

最适合生长的盆器建议尺寸/
直径37厘米、高30厘米的圆盆栽种1株

趁着太阳还没晒到院子的时候，将山苦瓜的幼苗种下，并制作了简单支架。夏天蔬菜需要攀爬的还真不少，所有格子架和竹竿全用上了，只好请矮小的山苦瓜委曲在小花盆里。我好不容易做完晨间的园艺工作，已快被太阳烤焦，这时才早上七点。

随着夏天的脚步来临，不过才两星期，山苦瓜已经爬满了架子，刺眼的阳光下，小黄花点缀在浓浓的绿叶当中，有些凋谢的小花尾巴则拖着小小的瓜。这些翡翠般的小瓜，还真像是一只小耳环，让我忍不住轻轻把玩着。

为数众多的蝴蝶在园子里飞舞，淡黄的、浅蓝的、黑紫的、橙黄的……轻划过每一朵小花，待我架好相机准备拍照时，又一溜烟地全没了踪影。

脑袋里的思绪，有时也像蝶一般，往往有好的灵感，一时之间未有纸笔记录，等空闲下来端坐桌前，早已忘得干净。勉强写下只字片语，便又后继无力，就这样草草结束甚为可惜。一天当中往往有许多平凡但却令人心满意足的时光，也许我该做的，就是尽情享受短暂的当下。

小知识

科　　　别：葫芦科、一年生
可食用的部分：果实
我的种植月份：4～10月（4～6月播种）
其他名称：野苦瓜、短角苦瓜

小提示

- 山苦瓜是一种野生苦瓜，栽培方法和一般苦瓜一样，但植株和叶片都很小巧，很适合盆钵栽培。
- 栽培时若水分不足，则苦味很强。根系不是很发达，移植时注意土壤不要散掉。
- 山苦瓜体型小，如果嫌套袋麻烦，可以到种子店购买费洛蒙挂在瓜藤下。

成长日志

1 买回来的山苦瓜，里头的种子已经成熟。

2 取出种子放在通风的地方，使其干燥3~5天。

3 将种子播于湿润的培养土，覆盖一层大约0.5厘米左右的土壤，发芽时间为3~7天。

4 两星期后长出2片完整的叶子。

5 第4个星期已有4片叶子，即可进行定植，并立支架供其攀爬；10片叶子时要摘心。

6 用麻绳编出攀爬空间。

7 摘心后长出侧芽更茂盛。

8 两个月后开始开花了（雄花）。

9 雌花尾部可见小瓜。

10 日渐长大的小苦瓜。

11 左边比较小的是山苦瓜的花，右边则是苦瓜的。

12 延迟采收苦瓜会变黄。

栽培Q&A

Q 如何为瓜果做人工授粉呢?

A 通常像南瓜、冬瓜、匏瓜等瓜类，为了提高结果率，会用人工授粉的方式，不过必须要在上午，当花朵完全打开时进行，因为此时花粉最多；夜间开花的匏瓜，则在天刚黑时进行。有小瓜的是雌花，没小瓜的就是雄花，拿水彩笔或毛笔，先刷雄花再刷上雌花的花蕊就可以完成授粉。

果实类 芋头冬瓜

最适合生长的盆器建议尺寸 / 70厘米×42厘米×25厘米的长方盆栽种1株

圆胖的小冬瓜躺在园子一角，远远就能看见。已经成熟的冬瓜，表面覆着一层白粉，在七月艳阳下闪烁。本想拍一张孩子们抱着冬瓜的照片，像小时候那样……不过他们已经没有兴趣参与妈妈的活动了！

守着冬瓜长大的心情很微妙，藤蔓长出来的时候，地面铺了枝子让卷须缠绕，经常还要将乱长的藤蔓拉回来。开花的时候细心地为其授粉，看着日渐长大的小瓜，几乎要追不上它的脚步，怎的就已经长大了呢?

我的阿姨说过，冬瓜小的时候一定不能用手摸，不然会长不大。我一直深信不疑，即使已经到了不惑之年，却从未想过，认真求证这件事的真实性。也许是基于童年的信仰，或是因为冬瓜的表面，总是布满了扎手的细毛。

小知识

科　　　别：瓜科、一年生
可食用的部分：果实
我的种植月份：4～10月
其 他 名 称：无

小提示

- 盆栽种植时，果实和花的数量都很少，所以要为其人工授粉，确保其结果。最好是能一次栽种两棵，如此花开得多，授粉成功的概率也大。
- 盆栽栽培时，植株对水分的需求很多，要给予足够的水分，或采用点滴式的方法给水。
- 经常将瓜藤牵引到适当位置，以免互相缠绕，影响植株健康。
- 由于是夏季生长的作物，每天早晚须充分浇水，果实采收后须追肥。采收时最好戴手套，避免被表面的刺扎到。

成长日志

1 小西瓜般大的芋头冬瓜，可以用大花盆栽种。

2 长到8片叶子时，须将顶芽剪下，一般称为摘心。

3 冬瓜的雄花。

4 雌花尾端有小瓜，像这般大小的花苞隔天就会打开。

5 利用毛笔将雄蕊的花粉沾在雌花上，确保授粉，提高结果的机会。

6 受精的果实生长很快，两天后已有4厘米大，已结果的藤要记得摘心。

7 未受精的果实花谢后不会继续长大，两天后变黄凋萎。

8 一星期后已有9厘米长。

9 10天后，原本隐藏在叶子底下的冬瓜，已经比我的手掌还大，再也藏不住了。

10 替冬瓜系上牌子，注明结果日及预定采收的日期，需20～30天。

11 表面出现白粉时就表示开始成熟了。

12 花谢后大约经过20天，表面全覆上一层白粉即可采收。

栽培Q&A

Q 刚采收的冬瓜表面会有扎手的细毛，可以马上料理吗？还是要放一段时间？

A 冬瓜的细毛，代表才刚采下来还很新鲜，不过据菜贩说，冬瓜和南瓜一样，采下来先放个一星期会更好吃，那时候的冬瓜已经摸不到表面细毛。此外，晴天采收的冬瓜可以储存好几个月不会坏，不过倒没试过，因为不够吃，所以从没机会储存！

果实类

南瓜

最适合生长的盆器建议尺寸 /
直径53厘米、高33厘米的圆盆栽种1株

小知识

科　　别：瓜科、一年生
可食用的部分：果实、花
我的种植月份：4～10月
其他名称：金瓜

炎热的夏天，从窗外吹来的风里夹带着海洋的味道。我们离海边并不远，开车大约40分钟就能到新屋的海边，只是那里并不是我理想中的海岸，去过几次后便意兴阑珊了。

烈日当空没人敢外出，虽然早晚都给植物浇水，但到了傍晚，盆子里的土还是干得快裂开，土壤甚至还会收缩，和花盆成了分离状态。

南瓜的根紧抱着土壤喘息，要供应这些蔓藤所需的水分，看来有些疲累。去年堆肥里冒出了南瓜苗，移植到邻居荒废的院子里栽种，既没浇水也没施肥，秋天时竟然结了六个大南瓜！今年春天没想到又有瓜苗自土里冒出来，显然是去年丢弃的种子使然，只是这回我让它留在大花盆里，但给予更多的照顾，我想试试看，没有土地南瓜是否一样能结果。即使不结果也没有损失，因为每天盛开的花朵，也是餐桌上的佳肴呢！

小提示

- 盆栽栽培难度较高，所以要选择小果型的品种来栽种，例如木瓜形或飞盘形。
- 需要日照充足的场所，才能生长结果。栽培时最好有两株，以便交换授粉。
- 南瓜刚开始开的花都是雄花，如果确定没有雌花，不妨采下雄花来食用。
- 通常南瓜采下来时都不立即食用，而是放于阴凉通风处，10天后再料理会更甜美。

成长日志

1 每年都会从堆肥里冒出的南瓜苗，今年也不例外。

2 才三个星期，叶子越来越大。

3 长出6片叶子时需摘心，之后长出的侧芽（俗称子蔓）保留3～4枝强壮的，其余摘掉。

4 瓜类的第一朵花通常是雄花。

5 第一朵雌花诞生了。

6 因为仅栽培一株，故雌花一旦开花就要进行人工授粉，提高结果率，当结果成功就要将藤蔓的新芽摘掉，让果实全力生长。

7 第4天果实已有10厘米，栽培在地面时，果实底下最好铺上树枝或干草，以免因地面潮湿而腐烂。

8 第19天表皮开始变色。

9 第30天表皮已有一半变黄，可以采收了。

10 保留蒂头2厘米剪下，此蒂头为南瓜的排气孔，可以让南瓜保存更久。

11 沉甸甸的南瓜足足有3斤重。

栽培Q&A

Q 栽种南瓜时一定要立竹竿让它攀爬吗？

A 南瓜可以让其在地上生长，不见得一定得立起架子，不过结果时，果实底下要铺些细树枝，保持通风。

南瓜酱饭

HOW TO DO IT

● 材料

南瓜2杯、豆浆1杯、烤香的白芝麻1大匙、三岛香松

● 做法

1 先将南瓜和豆浆及白芝麻用果汁机打匀，再倒入锅中煮沸。

2 将南瓜酱淋在饭上，再撒上野菜风味的三岛香松。

※可搭配其他咸味小菜食用。

果实类 蔓性菜豆

最适合生长的盆器建议尺寸 / 直径40厘米、高25厘米的圆盆栽种3株

收获了最后一批蔬果，就要向夏天告别，梅花的叶子开始枯萎，秋天已悄悄潜进我的小园圃。原本生长旺盛的菜豆蔓藤，此刻已显得疲惫，几条长不大的豆荚垂悬在黄叶之间。太阳逐日向南边移动，干燥的季风开始由北方吹来，虽然才9月初，但夜里微冷，已经需要盖上薄被子。秋天的阳光有一种透明感，穿透每一株植物反射出来的光影，在园子里交织成美丽的色彩，让我有置身仙境的感觉。

铲除了老化瓜藤，拆除了蔓藤的支架，将高大的夏季蔬菜，一一自花园里去除后，园子顿时变得有些空虚。几只大大小小的燕子，在电线上一字排开，春天诞生的小燕子，此刻羽毛已经长齐，看来再不久就要南飞了！

山城短暂的夏日，总是一眨眼就过了，感觉只是采收了几把豆子的时间。

小知识

科　　别：豆科、一年生
可食用的部分：果实
我的种植月份：4～10月
其 他 名 称：豇豆

小提示

- 常见的蔓性菜豆大概有白、绿、紫红等颜色，紫红品种口感较有弹性。
- 蔓性菜豆的支柱需要150～200厘米，才有足够的攀爬空间，不然就得费心地用手牵引缠绕。
- 很少有虫害，但有一种昆虫会在豆荚上钻孔产卵，受虫害的豆荚会有一截长不大，故要将其摘除 。
- 果实变少时就要添加追肥。

成长日志

1 豆类的种子先泡水4小时再播种，泡得太久反而会腐烂。

2 先用小花盆育苗，一旦冒出土面就要给予充足的日照。

3 保留强壮的幼苗，其余从根部剪断。

4 移植到大花盆栽种，由于茎有缠绕的特性，故须立竹子或用绳子供其攀爬。

5 白色的花中心带有一抹黄，美极了！

6 花谢后两天，豆荚约2厘米长，豆类的生长速度都差不多。

7 谢掉的花苞还粘在豆荚上，好像穿了一只靴子。

8 第5天豆荚开始出现紫红色的花纹，我种的是花菜豆。

9 进入采收期的菜豆，长长的豆荚挂满枝头。

10 夏季时每天都可以采收一把菜豆。

栽培Q&A

Q 蔓性的豇豆吃起来口感比较好吗？

A 以我个人经验，蔓性品种吃起来的确比较绵密，矮性豇豆则比较硬些，不过煮软一点就感觉不出来了。因为盆钵栽培，立支架实在有点麻烦，所以通常会选择矮性的品种，容易栽种且结果量多。

果实类 黄秋葵

最适合生长的盆器建议尺寸 /
直径40厘米、高25厘米的圆盆可种1株

小知识

科　　　别：锦葵科、一年生
可食用的部分：果实、花
我的种植月份：4～9月
其 他 名 称：秋葵、羊角豆、洋辣椒

湛蓝的天空下，一朵蓬松的云轻快地飘移过去，看起来好松好软，如果能躺在那上头，即使有什么不愉快，一定也会忘记的。风好凉好舒服，不知道为什么，这几天都没有听到蝉嘎嘎的叫，难道蝉的季节已经结束了？好安静的午后，没有车子，没有行人，只见三点半的天空里，有一枚淡淡的白色月影。

昨天气象预报，有低气压在海上形成，这会儿山上的天气就变了。整个上午，我在楼上画着秋葵的花朵，有时躺在椅子上发呆，蓝天衬着黄色的花朵，美得无法复制。进入盛夏之后，就属秋葵长得最好，天气越热花开得越多。

第一次栽培黄秋葵，不知道它的果实长有倒刺，采收的时候被结结实实地刺了一下！采收下来的果实，要用盐细心地搓去表面的细毛和刺再料理，横切开来的秋葵，像一颗颗小星星，里头圆滚滚的白色种子，教人不爱它都难。

小提示

- 皮肤容易过敏的人，注意不要沾到秋葵的汁液。
- 秋葵的植株会达1米以上，非常高大，所以要用最大的盆子，每盆栽种1株。
- 原产地在非洲，故需要高温和强光才能生长得好。会一边结果一边长高，如果根部已经裸露，就要添加土壤。
- 花谢后约5天如拇指大小即可采收，太大的果实会很硬，不能食用。盆栽不建议留种子，以免影响开花及结果。

成长日志

1 今夏打算在花盆栽种两株秋葵。

2 定植三个星期已有花苞。

3 清晨秋葵的花尚未完全打开。

4 1小时后花朵盛开的模样。

5 花谢后两天可明显看到小巧的果实。

6 约8厘米长的果实最为鲜嫩可口。

7 黄掉的老叶予以剪除。

8 植株会边结果边长高，种在地上时据说会长到一人高。

栽培Q&A

Q 所栽种的秋葵植株长得瘦长，是因为缺少肥料吗？

A 秋葵是需要许多阳光的植物，日照越充足长得越壮。如果日照不足（少于6小时）就可能会长得细长，开花的情形也不好，须将盆栽移到日照充足的地方。

凉拌黄秋葵

HOW TO DO IT

- 材料

  黄秋葵、姜末

- 调味料

  海鲜酱油

- 做法

  1 黄秋葵用盐搓去表面细毛（敢生吃的人不妨直接料理，不须汆烫就可食用）。

  2 用滚水烫一下，再迅速泡入冰水，可使颜色翠绿。

  3 横切成星星状，淋上酱油及姜末即可。

果实类

匏瓜

最适合生长的盆器建议尺寸 /
直径37厘米、高30厘米的圆盆可种1株

小知识

科　　别：葫芦科、一年生
可食用的部分：果实、花
我的种植月份：4～10月
其 他 名 称：扁蒲、葫芦瓜、匏仔

连续多日高温，一点也没有下雨的迹象，白天炙热难耐，大地一片沉寂，直至黄昏，蝉声才开始在树丛间响起。虽然同样是蝉，但已几度更替，今天的叫声明显不同，在树丛间轻轻哼着，直到天边最后的一抹橙隐遁之后，夜开始降临。

扁蒲的花倏地打开，在夜里静静等着，没有蝉声没有蛙鸣，这夜为何如此安静？

月光下雪白的花瓣，仿佛黑夜里的精灵，映着月色的光芒。一只夜蛾突然造访，伸出长长的口器，可惜今晚只有雌花绽放，孤单的扁蒲花，不知道她等待的是没有结果的恋情，看来要失望了！

扁蒲的花很美很雅，洁白又带有淡淡清香，不知道为什么，会选择在夜晚开花？除了我这种黑夜还会在园子里游荡的人，谁会发现呢？

少年时的我，第一次和扁蒲花的邂逅，是在夏日的莲田。全家人乘着父亲的马达三轮车，噗！噗！噗！驶过夜晚的乡间小径。荷花都睡了，只有一大片的白色扁蒲花，在月光下向我招手。

小提示

- 因浇水而导致根部裸露时，要给予覆土。结果期间要注意给予充足水分，切勿让盆土干掉，缺水时叶子会枯萎黄掉。
- 盆栽种植时由于开花数量较少，为其授粉可提高结果率。但开花时间很短，大约从傍晚开始至第二天的清晨前结束，所以在天一黑就可进行人工授粉。
- 果实最好不要直接接触地面，以免受损。

成长日志

1 苗圃主人送了我一株幼苗，找了一个直径30厘米的花盆来栽种。

2 长到第10片叶子时要摘心。

3 夜晚时欣赏带有淡淡香气的白色花朵。

4 雌花的尾端带有葫芦形状的幼果。

5 仔细看，雄花的尾端只有花萼。

6 为其人工授粉后第三天。

7 花谢后大约14天就可以收获鲜嫩的果实。

8 好可爱的匏瓜！连狗狗也想尝一口。

栽培Q&A

Q 栽种扁蒲需不需要搭棚架呢？

A 搭不搭棚架其实都可以。如果放任其在地面攀爬，果实底下要铺上架子或细树枝，避免果实因地面太过潮湿而腐烂。不过在炎热的夏天，有个可以赏花，又果实累累的棚子，用来遮阳也不错！

鲍瓜可乐饼

HOW TO DO IT

- 材料

鲍瓜丝3杯、蛋2个、面粉1杯、葱末少许、油葱酥2大匙、面包粉

- 调味料

盐1小匙、白胡椒1小匙

- 做法

1 除了面包粉之外的所有材料混合均匀。

2 做成可乐饼的形状，均匀沾上面包粉后入锅炸成金黄色。

※如果鲍瓜的水分较多，可适量增加面粉的比例。

根茎类

马铃薯

最适合生长的盆器建议尺寸 /
70cm × 42cm × 25cm的长方盆可栽种3颗种薯

小知识

科　　　别：茄科、一年生
可食用的部分：根
我的种植月份：春、秋两季
其 他 名 称：洋芋、土豆

一年有五个月的时间，山城经常都笼罩在又湿又冷的天气里。好几天见不到一个人经过，很难相信这里有一千多个居民，有时不免怀疑，自己是不是居住在一座空城里？

幸好还有每周一次的下山采买，市场里摩肩接踵、人山人海，小贩们此起彼落的叫卖声，以及每个人手上的大包小包，提着再也提不动的菜，脸上洋溢着幸福快乐的表情，这情景总会感染着我。不过，已经习惯人烟稀少的我，对市场的热情容易随着时间而减少！通常，一袋番茄、一袋马铃薯以及洋葱，是固定的采买，偶尔也会加颗黄澄澄的南瓜。

对于马铃薯的狂热，常令我一次买上两三种。然而鲜采的马铃薯不耐存放，很快就会发芽而不堪食用，所以偶尔也自己栽培马铃薯。至于是哪一个季节倒也不一定，反正发芽了就拿来种！根据往年的经验，多半是在春秋两季，大约经过三个月，就会得到比原先更多的马铃薯，很神奇吧？

小提示

- 不需要太多肥料，只要在定植时预埋基肥即可。
- 喜欢酸性土壤，所以不要使用苦土石灰。
- 新芽长到15厘米以上时，保留最强壮的新芽1～2枝，其余都从土里切断。
- 春天栽培的马铃薯，大约两个月即可收获像鹌鹑蛋般大小的新马铃薯。因其喜欢冷凉的秋季，若位处平地，则等到秋天再开始栽种。

成长日志

1 因储存不当而发芽的马铃薯可以用来栽种。

2 用刀子将有芽的部分切成数块。放置一天让切口干燥后再种。

3 栽种时芽要露出土面。

4 如果同时长出两三枝新芽，只要保留最强壮的一枝，其余摘掉。

5 植株会越来越高，如果根部露出来，就要给予覆土稳固，每个月要施肥一次。

6 叶子开始枯黄时要减少水分供给，准备采收。

7 栽培三个月后，采收了35颗大小不一的马铃薯。

{栽培Q&A}

Q 是不是所有的马铃薯发芽之后都可以用来栽种？需要切开吗？

A 马铃薯发芽后虽然不能食用，可是正好能用来栽种，切开与否都可以，但是切开之后，要记得等到切口干燥再开始栽种，以免感染细菌而腐烂。

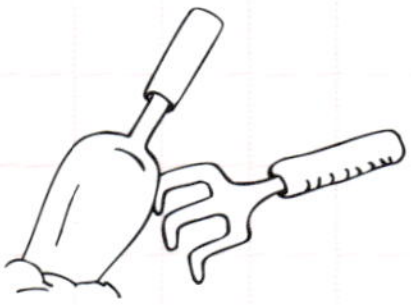

迷迭香烤马铃薯

HOW TO DO IT

● 材料

小马铃薯、迷迭香、月桂叶

● 调味料

胡椒盐

● 做法

1 先将马铃薯外皮刷干净，不必削皮，切成一口大小。

2 入油锅炸成金黄，起锅前再放入迷迭香及月桂叶炸出香味。

3 捞起后稍沥干油，趁热撒上胡椒盐。

花盆中的蔬果乐趣

图书在版编目（CIP）数据

花盆中的蔬果乐趣 / 董淑芬著．—郑州：河南科学技术出版社，2011．8
ISBN 978-7-5349-4721-6

Ⅰ．①花…　Ⅱ．①董…　Ⅲ．①盆栽-观赏园艺　Ⅳ．①S68

中国版本图书馆CIP数据核字（2010）第198155号

出版发行：河南科学技术出版社
地址：郑州市经五路66号　邮编：450002
电话：（0371）65737028　65788613
网址：www.hnstp.cn
策划编辑：李　洁
责任编辑：王亦梁
责任校对：张小玲
封面设计：范松龄
责任印制：张艳芳
印　　刷：北京盛通印刷股份有限公司
经　　销：全国新华书店
幅面尺寸：168 mm×230 mm　印张：10　字数：140 千字
版　　次：2011年8月第1版　2011年8月第1次印刷
定　　价：29.80元

如发现印、装质量问题，影响阅读，请与出版社联系。